# 恐龍時代

侏羅紀晚期到白堊紀早期 的古地球生物 繪圖觀察筆記

THE LATE JURASSIC AND THE EARLY CRETACEOUS

Juan Carlos Alonso & Gregory S. Pual 著　顧曉哲 譯

 積木文化

# 目錄

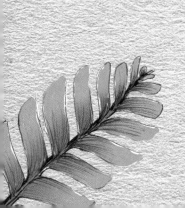

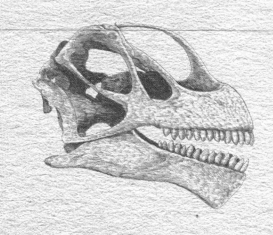

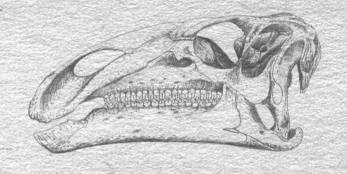

# 侏羅紀晚期
## The Late Jurassic

跟我們一起來一趟地球歷史的深度旅行吧，去到比人類出現在地球上更早更早之前的時期。那是一個巨獸漫遊陸地、飛行爬蟲類統治天空的時期，那是一段純粹美麗但同時也無比危險的時代——那個時期就是侏羅紀晚期。

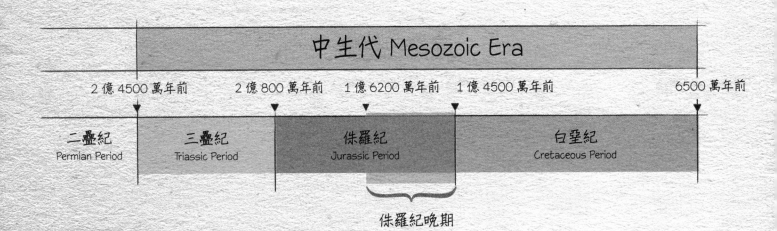

中生代 Mesozoic Era

2 億 4500 萬年前　　　2 億 800 萬年前　　1 億 6200 萬年前　　1 億 4500 萬年前　　　　6500 萬年前

| 二疊紀 Permian Period | 三疊紀 Triassic Period | 侏羅紀 Jurassic Period | 白堊紀 Cretaceous Period |

侏羅紀晚期

我們現在回到距今 1 億 5000 萬年前的地球。站在被鬱鬱蔥蔥綠色植物環繞的地方，深深的呼吸一口就能感受到渾厚的潮濕空氣。獨特的潮濕味道夾帶著植物腐敗分解的氣味鋪天蓋地而來，永不停歇的蟲鳴聲一直迴盪在你的耳裡。令人窒息的悶熱空氣，讓人精疲力竭。像我們這樣的訪客，並不受到侏羅紀晚期的歡迎。

侏羅紀時期在中生代的中期，也就是世人熟知的「爬蟲類年代」。在這個時期的後半，地球正經歷一段明顯的改變，包含因為板塊運動造成的火山活動。盤古大陸（Pangaea）在這時候分裂成四大板塊，包含南美洲與非洲、西歐與亞洲、澳洲與南極洲，以及北美洲。

火山爆發夾帶著溫室氣體的釋放，造成全球暖化，比我們現在的地球溫度還要再高上幾度。因為這樣，南北極地沒有冰帽，所以海平面也相當高。當時的兩大水體，太平洋與古地中海，就佔據了 80% 的地球表面。在那同時，大西洋才剛剛出現，是一個小小的內陸海。那時的世界，是一個溫暖又潮濕的熱帶地方——是一個對動植物的發展來說完美的環境。

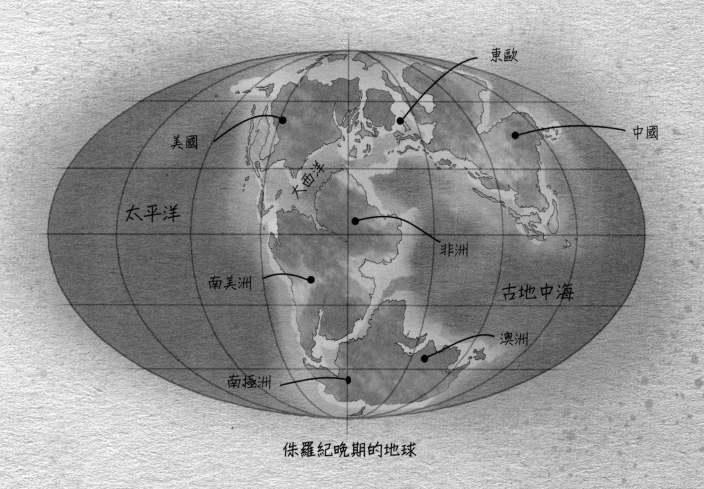

侏羅紀晚期的地球

你週遭所見的景觀充滿針葉樹類的植物，像是南洋杉（見圖a）與銀杏。在低地生長的石松（見圖b）與新蘆木屬植物或馬尾草（見圖c），生長在淡水池塘或小溪週邊。樹蕨與蘇鐵，例如耳羽葉（見圖d）這一類的植物，是主要的地表與低矮植物。四處都是一片草綠。這一片草綠，滋養了大量的食草恐龍。

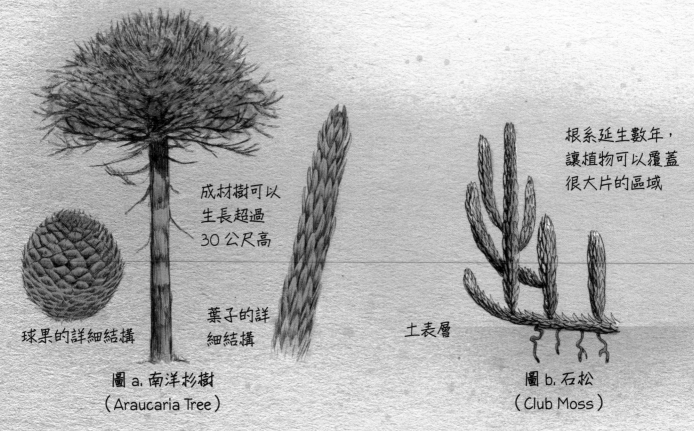

成材樹可以
生長超過
30公尺高

根系延生數年，
讓植物可以覆蓋
很大片的區域

球果的詳細結構

葉子的詳
細結構

土表層

圖a. 南洋杉樹
（Araucaria Tree）

圖b. 石松
（Club Moss）

有些恐龍快速地演化出越來越大的體型，是因為與掠食者在演化上的競爭所致，有些甚至生長到 30 公尺長。在諸如蜥腳類恐龍（Sauropods）之類演化出巨大體型的同時，牠們的掠食者也變得更巨大。此時，異特龍與蠻龍就成為頂尖掠食者，擁有 9 公尺的身長，配備著用來快速又有效率處理獵物的武器。當一些草食性恐龍因為體型的關係免於被掠食者騷擾而獲得安全時，其他的草食性恐龍也開始發展出具有盔甲與快速移動的能力，以逃避掠食者的血盆大口。

新蘆木屬植物部分生長在地下，因此即使地上部分被動物食用後也能很快再度生長

土表層

成草

圖 c. 新蘆木屬植物
（Neocalamites）

成熟的植物

葉子的詳細結構

圖 d. 耳羽葉
（Otozamites）

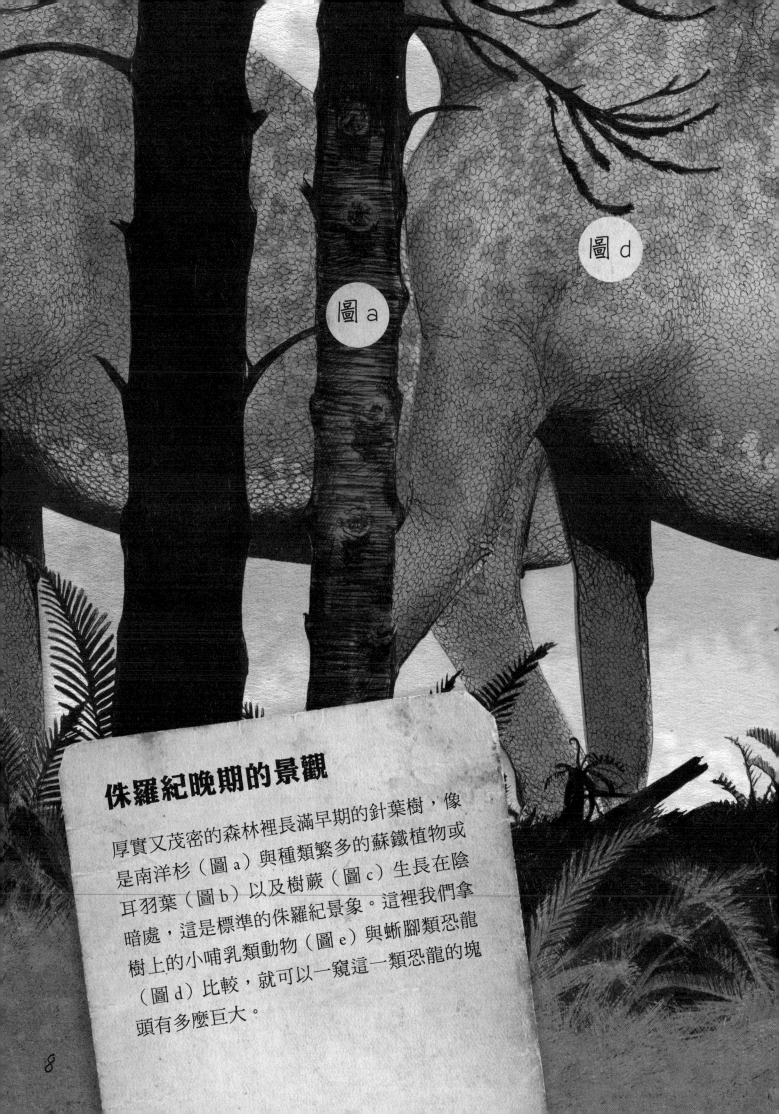

圖a

圖d

## 侏羅紀晚期的景觀

厚實又茂密的森林裡長滿早期的針葉樹，像是南洋杉（圖a）與種類繁多的蘇鐵植物或耳羽葉（圖b）以及樹蕨（圖c）生長在陰暗處，這是標準的侏羅紀景象。這裡我們拿樹上的小哺乳類動物（圖e）與蜥腳類恐龍（圖d）比較，就可以一窺這一類恐龍的塊頭有多麼巨大。

8

圖e

圖b

圖c

9

# 獸腳類恐龍
## The Theropods（發音：Theer-uh-pods）

我們的旅程由尋找曾經在地球上活動的最大掠食者開始：獸腳類恐龍。現在的你正站在廣大的洪積平原上。雖然地表是乾的，不過在幾個月的雨季之後，整個地區就會被洪水淹沒。現在，這裡變成掠食者與獵物可以自由活動的開放地區。在你腳下是一堆錯綜複雜的腳印，包含大大小小的三趾印。最大的腳印由腳趾到腳後跟有 0.5 公尺，無疑的是屬於活生生的大型獸腳類恐龍。

一股毛骨悚然的寒意頓時貫穿全身，因為你突然意識到那腳印的主人可能就在附近。不加思索，你開始狂奔到就近可以掩蔽的林地。你可以感覺到牠就在你的背後，不過，情況實在太緊急，你根本沒有時間轉頭察看。在相對安全的樹林裡，你繼續往更濃密的林地奔跑，你希望濃密的林地能阻止那頭巨大的追趕者。直到躲進一個大樹洞裡，你慢慢地轉頭察看你的追捕者。

2.7 公尺

1.8 公尺

0.9 公尺

這獸腳類恐龍站立起來有 3 公尺高，為了避免被發現，牠總是頭低垂，獸腳類恐龍慢慢豎起牠的頭並偏向一邊，瞪大眼睛以備好好地看看你。牠揚起口鼻並嗅聞了一下空氣。牠眼睛裡顯現的是聚焦與決心，讓你想起猛禽鎖定目標的樣子。不用懷疑：你已經是被鎖定的獵物了。牠的眼睛上方有個小角，匕首般大小的勾狀爪子垂吊在牠粗壯的前臂上，這巨獸身上緩緩散發出一股令人恐懼的氛圍，沒有任何現今還活著的動物能這麼讓人毛骨悚然。當牠小心翼翼地一步一步越靠越近並嗅聞附近的空氣時，你可以感覺到你的心臟在胸腔裡跳動。不過，還好牠無法認出你的氣味，也不知道你是何物。這時，牠嗤之以鼻，轉身靜靜地拖著牠的大尾巴走開。這時的你已經由與侏羅紀晚期的獸腳類恐龍的遭遇中倖存。

1841 年，當理查・歐文爵士（Sir Richard Owen）創造「dinosaur」（恐龍）這個名詞時，其意義就是「恐怖的蜥蜴」，當初他的腦袋裡一定想著獸腳類恐龍。獸腳類恐龍是一群包含有一些之前從未出現過的最大型、最令人害怕的肉食動物。雖然有一部分是真的很嚇人，然而事實上牠們大多數的體型並沒有比現今的火雞大多少。

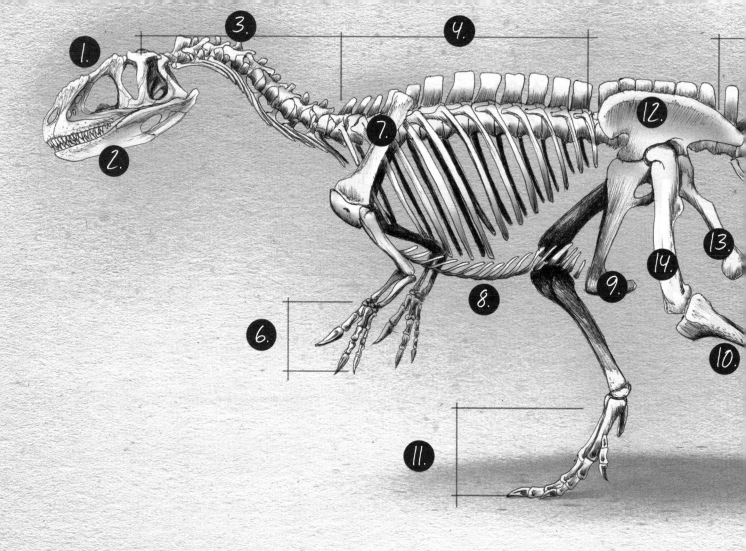

獸腳類恐龍是一群非常多樣化的兩足動物，這意味著牠們以兩隻腳走路，而且大多是肉食性。一些獸腳類恐龍發展出照顧幼兒與尋找配偶的天性，就像現今的鳥類一樣。事實上，嚴格說來獸腳類恐龍並沒有絕種，而是有一些演化變成現今的鳥類。

## 侏羅紀晚期的獸腳類恐龍

到了侏羅紀晚期，某些種類的獸腳類恐龍已經演化到史無前例的體型。這個趨勢稱為「巨型化現象」。然而這還只是開始而已，過不久，超級掠食者已經生長到長度有 12.2~16.7 公尺並且主宰了地球之後的時期：白堊紀。但是在侏羅紀時期，不過 9.1~10.6 公尺長的獸腳類恐龍就已經位在食物鏈的頂端了。很多獸腳類恐龍的手有像老鷹一樣的爪，拇指上的爪有 23 公分長並且像剃刀一樣鋒利。因為獵物的體型漸趨大型，有一些獸腳類恐龍或許已經發展出類似合作狩獵的技巧：個別的獸腳類恐龍透過與其他獸腳類恐龍的通力合作，來捕獵體型比自己大的獵物。

15.

### 剖析侏羅紀晚期獸腳類恐龍的骨骼

| | | |
|---|---|---|
| 1. 頭骨 | 6. 前肢 | 11. 後足 |
| 2. 下顎骨 | 7. 肩胛骨 | 12. 髂骨 |
| 3. 頸椎 | 8. 腹膜肋 | 13. 坐骨 |
| 4. 胸椎 | 9. 趾骨 | 14. 大腿骨 |
| 5. 尾椎 | 10. 脛骨和腓骨 | 15. 人字形骨 |

較小型的獸腳類恐龍同樣具有這一類恐龍該有的特徵。像始祖鳥與奇翼龍之類的恐龍已經發展出獨特的狩獵方法。牠們捕獲獵物只能藉著由樹上滑翔而下的方法，而且也用同樣的手法逃離掠食者的追捕。牠們是第一批飛向天空的恐龍。之後，這類的動物演化變成具有高超飛行技術，也因此朝向變成真正鳥類的演化之路上前進。其他像是赫氏嗜鳥龍與五彩冠龍，在巨獸和小型掠食者之間也開拓出一個自己的立足點，迅速與敏捷的牠們，精通於追捕那些對小型獸腳類恐龍來說太大的獵物，同時也捕獵其他較小型的獸腳類恐龍為食。

之後的內容會帶你藉由檢視隨著百萬年演化發展出的狩獵技巧與適應，更近一步了解侏羅紀晚期的獸腳類恐龍。

# 脆弱異特龍 Allosaurus fragilis
（發音：Al-oh-sore-us, fraj-ill-iss）

發現地點：美國科羅拉多州與猶他州

科別：異特龍科（Allosauridae）

身長：9 公尺

身高：3 公尺

體重：1.7 公噸

性情：侵略性

粗糙且具有鱗片的皮膚

長而彎曲的頸部

孔武有力且具有
三根爪子的前肢
用來抓住獵物

狹窄纖細
的身體

長而有力
的腿

2.7 公尺

1.8 公尺

0.9 公尺

異特龍是侏羅紀晚期最巨大的掠食者之一

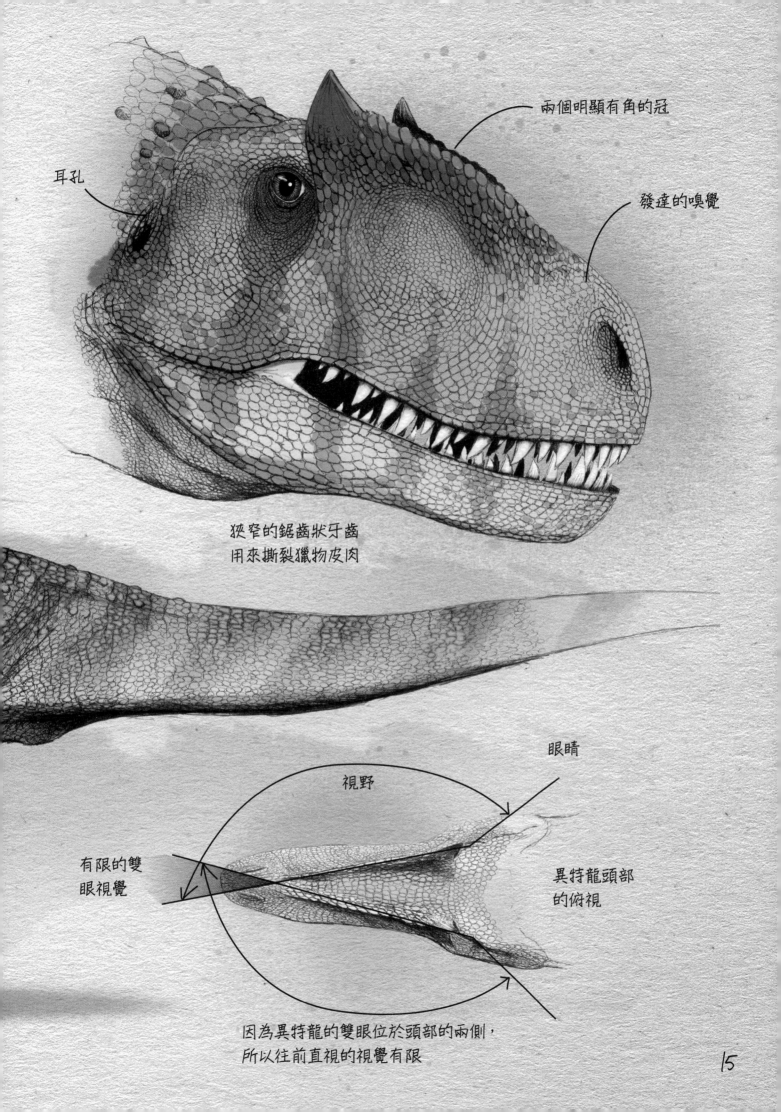

兩個明顯有角的冠

耳孔

發達的嗅覺

狹窄的鋸齒狀牙齒
用來撕裂獵物皮肉

眼睛

視野

有限的雙
眼視覺

異特龍頭部
的俯視

因為異特龍的雙眼位於頭部的兩側，
所以往前直視的視覺有限

異特龍有一張很厲害的大嘴，張開可以超過90度，這讓牠可以攻擊比自己大很多的獵物，像是蜥腳類恐龍。

16

異特龍具有大爪的前肢與
牠的嘴巴一樣厲害，這大
爪是用來撕裂獵物或是像
肉鉤一樣用來迅速壓制大
型獵物。

22.8公分長
的拇指爪

一隻年幼的蜥腳類恐龍成
為一群異特龍的獵物。運
用其靈活的雙顎和抓爪，
異特龍使獵物的動作減
緩，最終將蜥腳類恐龍的
脖子壓制得更接近地面，
好就地解決牠。

# 印石板古翼龍／始祖鳥
## Archaeopteryx lithographica
（發音：Are-key-op-trex, lith-o-graf-e-ka）

發現地點：德國南部

科別：始祖鳥科（Archaeopterygidae）

身長：50 公分

身高：翼展寬 70 公分

體重：0.5 公斤

性情：謹慎，好奇

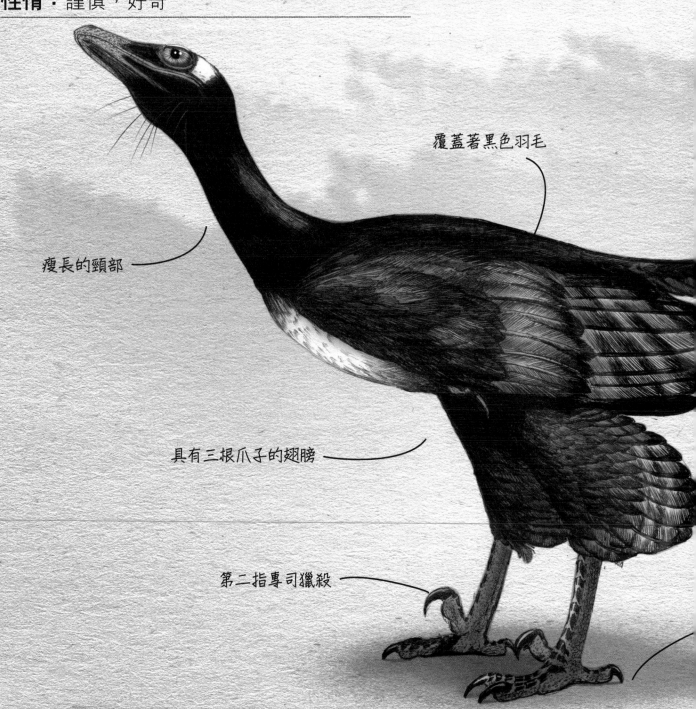

覆蓋著黑色羽毛

瘦長的頸部

具有三根爪子的翅膀

第二指專司獵殺

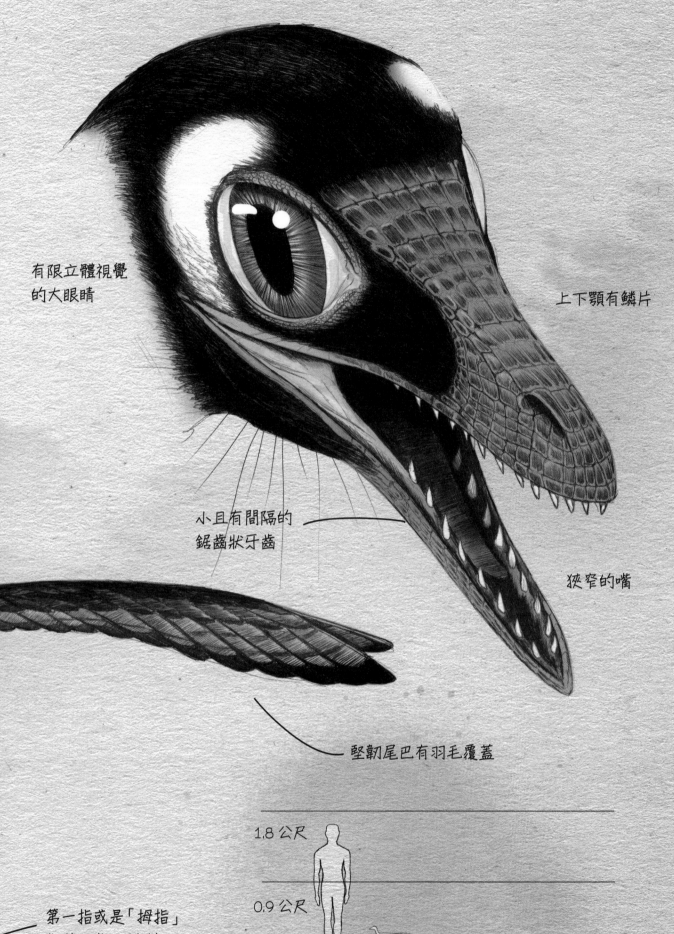

有限立體視覺
的大眼睛

上下顎有鱗片

小且有間隔的
鋸齒狀牙齒

狹窄的嘴

堅韌尾巴有羽毛覆蓋

第一指或是「拇指」
與其他指位於對立
位置

1.8 公尺

0.9 公尺

始祖鳥大約與現今的老鷹大小一樣

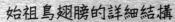
始祖鳥翅膀的詳細結構

三根有爪的個別指

羽毛長在前臂和第二指

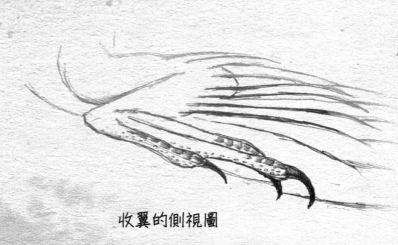

收翼的側視圖

尾巴的形狀來自尾部的長羽毛

始祖鳥尾部的詳細結構
（俯視）

兩隻始祖鳥
爭奪獵物

大而寬的翅膀，
羽毛尖端呈現黑色

始祖鳥的飛行能力不佳，牠大部分
時間是待在樹上與地上。

始祖鳥具有爪子的翅膀與腳讓牠可
以爬上樹，然後向下滑翔來捕捉獵
物。始祖鳥也是跑步健將。

21

# 角鼻角鼻龍 Ceratosaurus nasicornis
（發音：Sir-at-toe-sore-us, nay-si-corn-iss）

發現地點：美國科羅拉多州與猶他州

科別：角鼻龍科（Ceratosauridae）

身長：6 公尺

身高：2 公尺

體重：589 公斤

性情：極度侵略性

頭部、頸部、身體和尾部頂端覆蓋著皮膚真皮骨化——或稱為「骨質裝甲」——的結構

厚又窄的身體

大的頭骨

小且有四指的手掌部

健康強壯的腿

三隻大角是求偶時
展示用

小眼睛

非常大且扁
的牙齒

下顎顯得輕巧

非常厚且窄的尾巴

1.8 公尺

0.9 公尺

角鼻龍身長 6 公尺，屬於中型獸腳類恐龍

雖然角鼻龍有能力正面制伏大
獵物也能利用撿食腐肉過活，
但是牠還是以透過伏擊方式的
狩獵為主。

在這裡，牠正攻擊兩隻粗心大
意的橡樹龍（Dryosaurus）。

角鼻龍萎縮的第四根手指是其四足
爬行祖先所留下的遺跡

牠的三根手指上有鋒利的爪子

角鼻龍左手掌部的詳細結構

橡樹龍是 3 公尺長、有大後肢
可逃離掠食者的草食性鳥臀類
恐龍（ornithischians）

# 長足細顎龍 Compsognathus longipes
（發音：Comp-sog-nay-thus, long-gipes）

**發現地點：**德國南部與法國南部

**科別：**細顎龍科（Compsognathidae）

**身長：**1.25 公尺

**身高：**0.4 公尺

**體重：**2.5 公斤

**性情：**害羞，難以捉摸

長又窄的身體

三爪的前肢

專為快速奔跑而設計
的、長又瘦的腿

相對大的腳掌

大眼睛在頭
的兩側

嘴喙的基部有兩
個冠狀突起

長又纖細的嘴喙

靈活的長頸

大多數身體被小原始
羽毛所覆蓋

長尾巴佔整個身體長度的一半

1.8 公尺

0.9 公尺

全長 1.25 公尺長的細頸龍，軀體只有 0.4 公尺

有較大拇指爪的三爪掌，可用
於捕捉和協助食用小的爬蟲類
動物、魚和昆蟲。

細顎龍手掌部的
詳細結構

像鳥類一樣，細顎龍在休息時是採蹲坐的姿勢且雙腿置於身體兩側。

細頸龍在潟湖和小水
體的岸邊捕獵食物。

運用小鋸齒狀牙齒和靈
活的手，細頸龍正迅速
的吞噬一條小水蛇。

# 五彩冠龍 Guanlong wucaii
（發音：Ga-wan-long, goo-kai）

發現地點：中國新疆

科別：原角鼻龍科（Proceratosauridae）

身長：3.5 公尺

身高：1.5 公尺

體重：113 公斤

性情：侵略性，領域性

成年的冠龍

小且未發育完全的冠

比成年冠龍
的眼睛更大

比成年冠龍
的腿更長

少年的冠龍（大約六歲）

覆蓋著纖維狀、
毛髮般的羽毛

大且沿著顱骨頂部
發展具有骨質的冠

相對長的嘴喙部

細長的尾巴

適合快速
奔跑的腿

1.8 公尺

0.9 公尺

擁有 3.5 公尺的身長，冠龍是令人敬畏的掠食者

冠龍的親代會非常警覺地守護自
己的幼獸。如同現代鳥類一樣，許
多獸腳類恐龍照顧與保護牠們的
後代，以避免掠食者的傷害。

打鬥好發於交配季節，雄冠龍
用打鬥的方式一較高下，以吸
引雌冠龍的青睞。

# 赫氏嗜鳥龍 Ornitholestes hermanni
（發音：Or-nith-oh-less-teaze, her-man-knee）

**發現地點：** 美國懷俄明州

**科別：** 虛骨龍科（Coeluridae）

**身長：** 2 公尺

**身高：** 0.6 公尺

**體重：** 13.6 公斤

**性情：** 侵略性

細長頸部

身體佈滿長的
原始羽毛

小頭

細長又靈活
的手指

修長的腿部

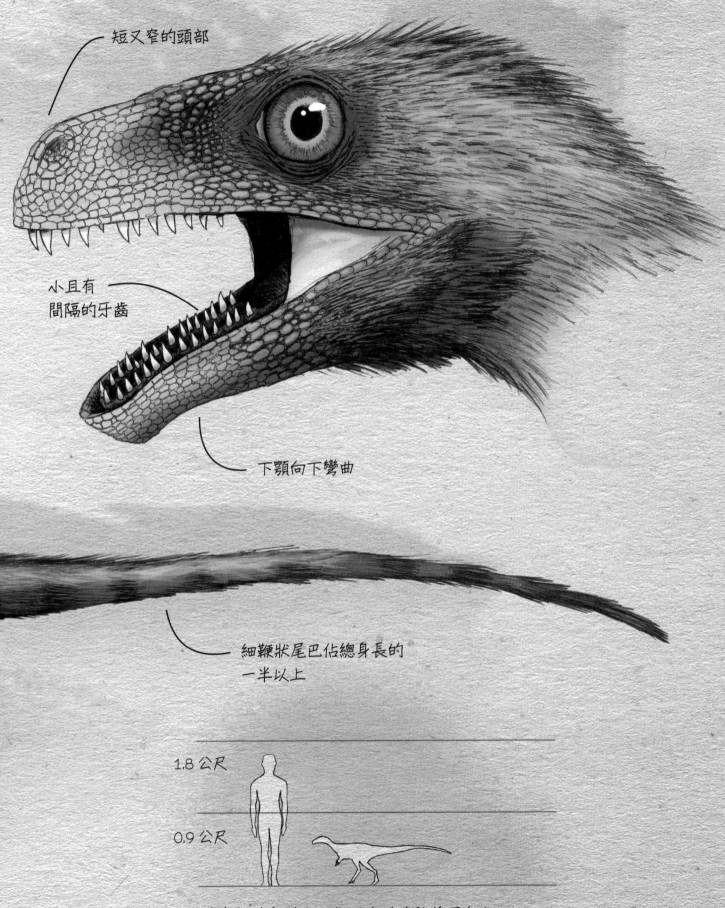

大眼睛

短又窄的頭部

小且有
間隔的牙齒

下顎向下彎曲

細鞭狀尾巴佔總身長的
一半以上

1.8 公尺

0.9 公尺

嗜鳥龍的身體大小與現今的火雞差不多大

嗜鳥龍利用牠的快速奔跑來捕抓獵物。牠主要的食物是蜥蜴、幼小的恐龍、魚和小型哺乳動物。

嗜鳥龍抓住一隻早期的哺乳類動物三錐齒獸，並且防衛其他掠食者前來爭奪食物。

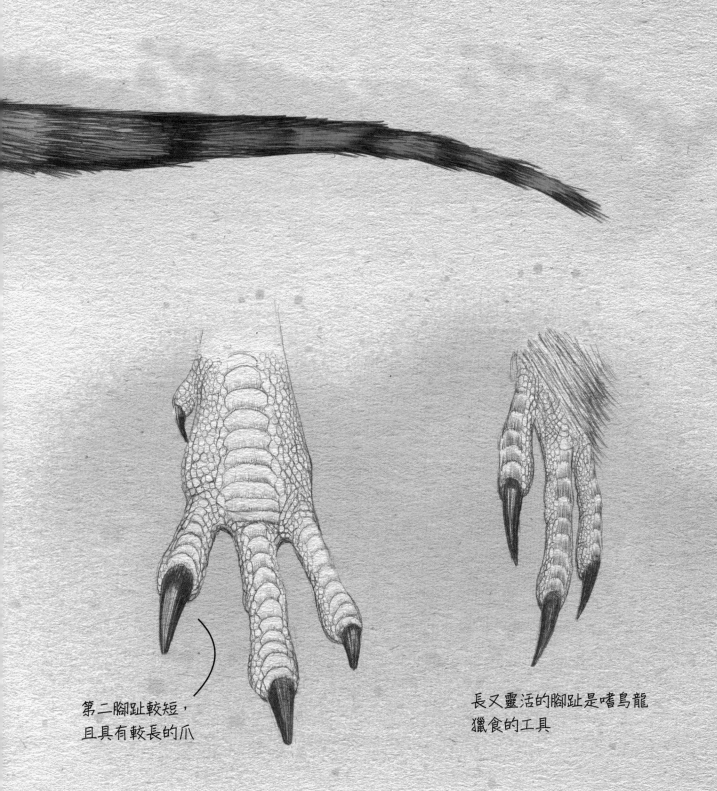

第二腳趾較短，
且具有較長的爪

長又靈活的腳趾是嗜鳥龍
獵食的工具

嗜鳥龍左腳掌
的詳細結構

嗜鳥龍左手掌
部的詳細結構

# 坦氏蠻龍 Torvosaurus tanneri

（發音：Tor-vo-sore-us, tan-nery）

**發現地點**：美國科羅拉多州、懷俄明州和猶他州

**科別**：斑龍科（Megalosauridae）

**身長**：10 公尺

**身高**：3 公尺

**體重**：2 公噸

**性情**：極度侵略性

頭與頸上都有皮膚棘

長身體

大頭

有著大拇指
爪的強有力
前肢

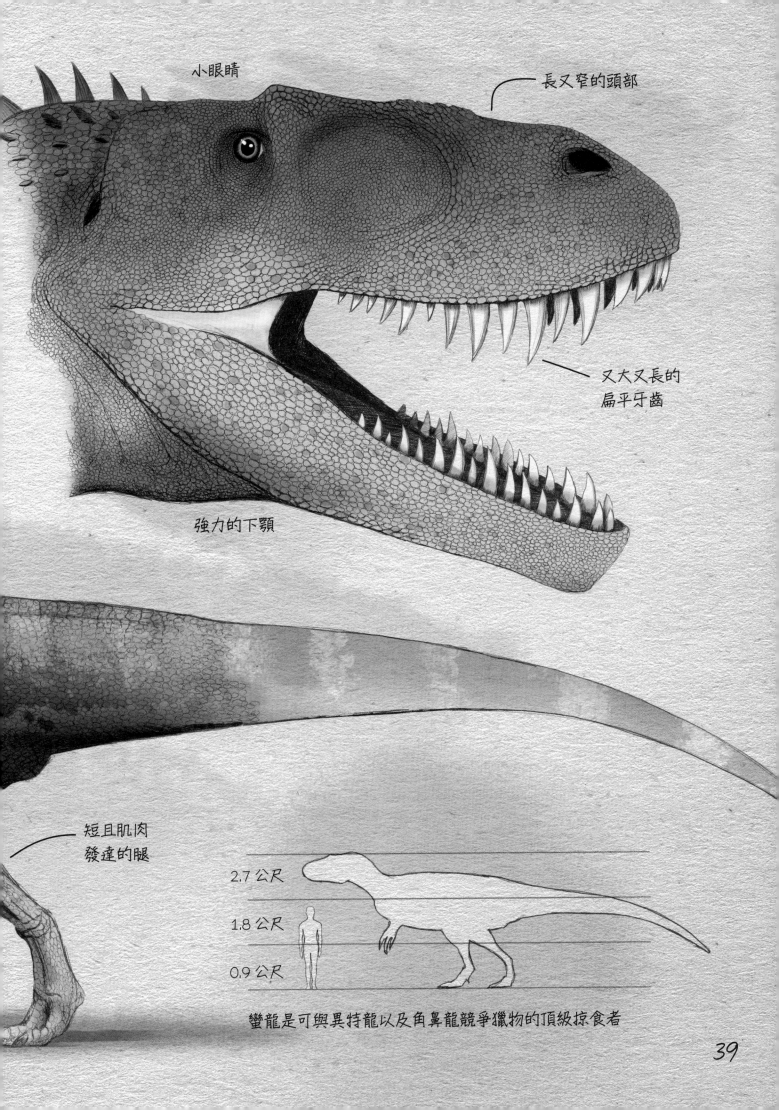

小眼睛

長又窄的頭部

又大又長的
扁平牙齒

強力的下顎

短且肌肉
發達的腿

2.7 公尺

1.8 公尺

0.9 公尺

蠻龍是可與異特龍以及角鼻龍競爭獵物的頂級掠食者

粗大又肌肉發達
的頸部，用於從
獵物身上拉扯下
大塊的肉

由正面看，大約可看
出蠻龍如何恫嚇前
來想要爭奪食物的
其他動物。

大的足部

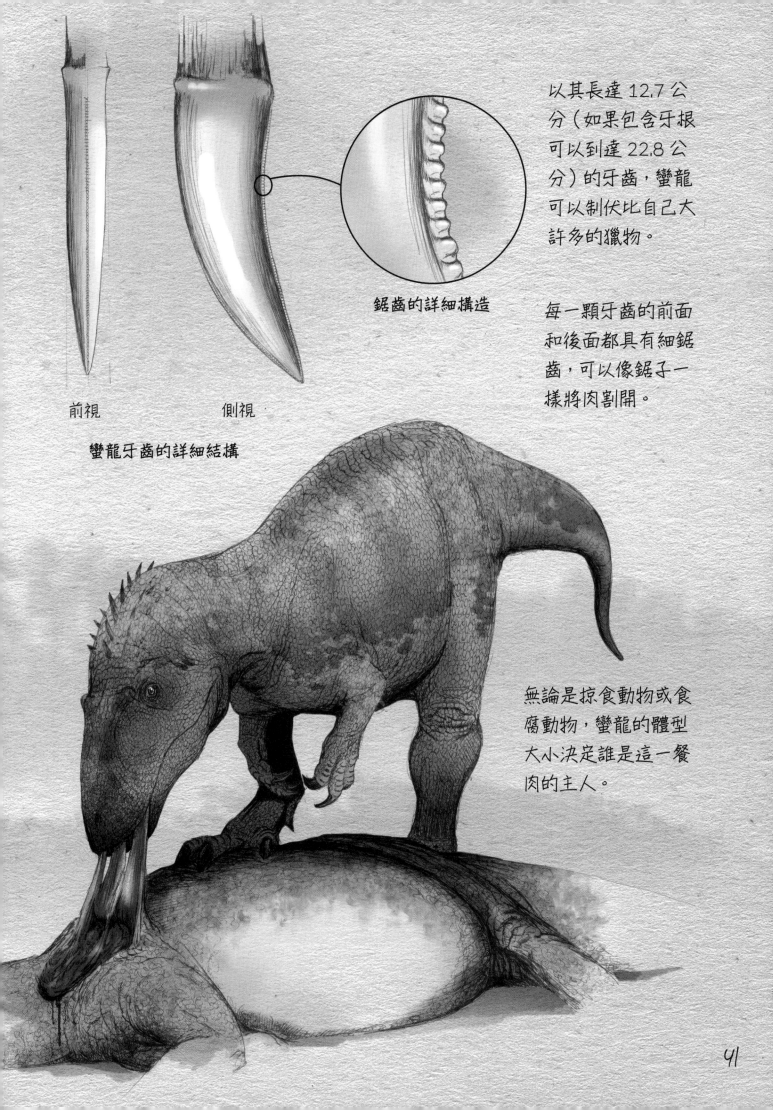

以其長達 12.7 公分（如果包含牙根可以到達 22.8 公分）的牙齒，蠻龍可以制伏比自己大許多的獵物。

鋸齒的詳細構造

每一顆牙齒的前面和後面都具有細鋸齒，可以像鋸子一樣將肉割開。

前視　　　　側視

蠻龍牙齒的詳細結構

無論是掠食動物或食腐動物，蠻龍的體型大小決定誰是這一餐肉的主人。

41

# 上游永川龍

## Yangchuanos aurus shangyouensis

（發音：Yan-chwahn-oh-sore-us, shang-u-en-sis）

發現地點：中國重慶市永川區

科別：中棘龍科（Metriacanthosauridae）

身長：11 公尺

身高：3 公尺

體重：3 公噸

性情：極度侵略性

長且彎曲的脖子

背部有一條
高的脊背

厚又窄的軀幹

強而有力的臂
膀有三根用來
抓握的爪

長腿善於跑步

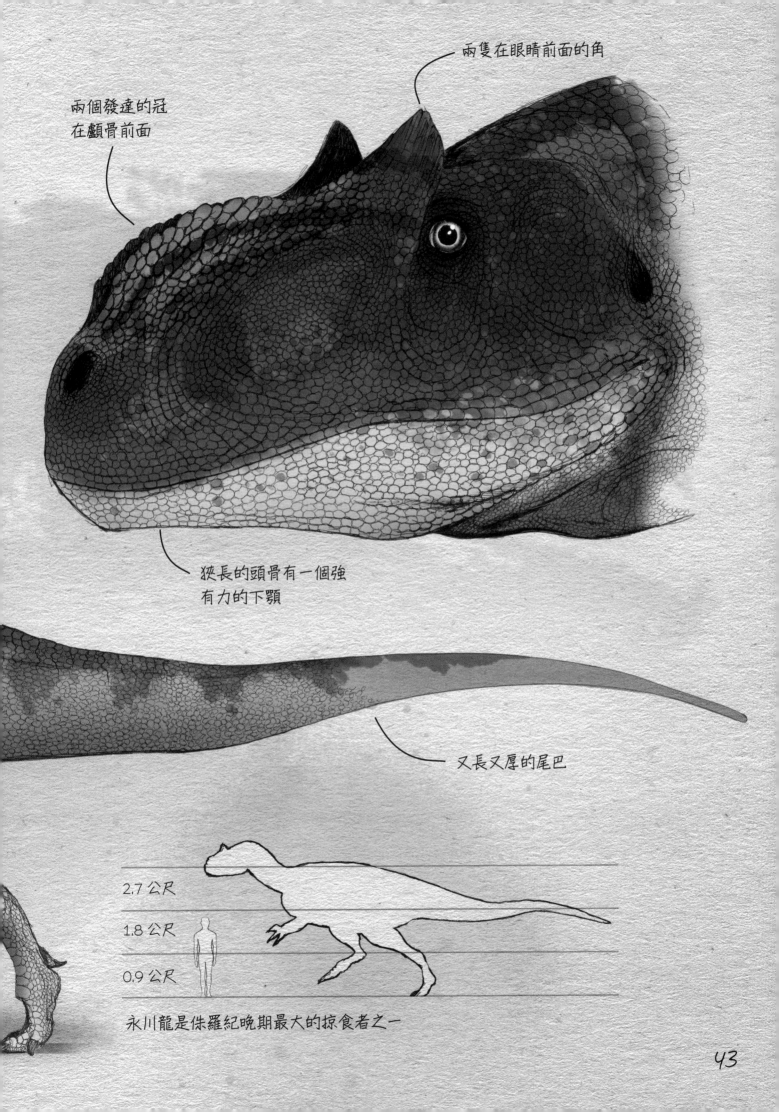

兩隻在眼睛前面的角

兩個發達的冠
在顱骨前面

狹長的頭骨有一個強
有力的下顎

又長又厚的尾巴

2.7 公尺

1.8 公尺

0.9 公尺

永川龍是侏羅紀晚期最大的掠食者之一

作為侏羅紀晚期最大的掠食者之一，
永川龍會獵殺大型的獵物。

一群成年的永川龍正用牠們的爪和強
大的咬合力攻擊馬門溪龍，要將獵物
壓制在地然後就地解決。

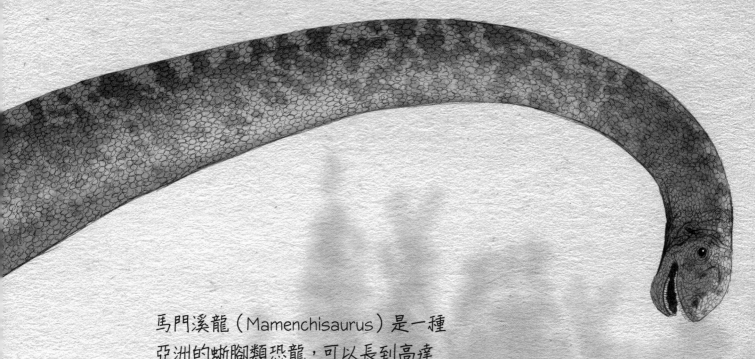

馬門溪龍（Mamenchisaurus）是一種
亞洲的蜥腳類恐龍，可以長到高達
35 公尺，重達 75 公噸。牠是已知
具有最長頸部的蜥腳類恐龍。

# 奇翼龍 Yi qi

（發音：Ee-chee）

**發現地點**：中國河北

**科別**：擅攀鳥龍科（Scansoriopterygidae）

**身長**：30 公分

**身高**：翼展寬 45 公分

**體重**：0.38 公斤

**性情**：害羞，難以捉摸

短又鈍的頭

纖細的脖子

身體覆蓋在纖維狀
毛髮般的羽毛中

大的臂膀與手掌部，
指間有膜

長腿

0.9 公尺

奇翼龍只有 0.3 公尺長，
是目前發現最小的恐龍

尾巴的羽毛是吸引
異性的求偶展示

三角形頭

大眼睛在頭
的兩側

上下顎前緣
的前向齒

彎曲的下顎

47

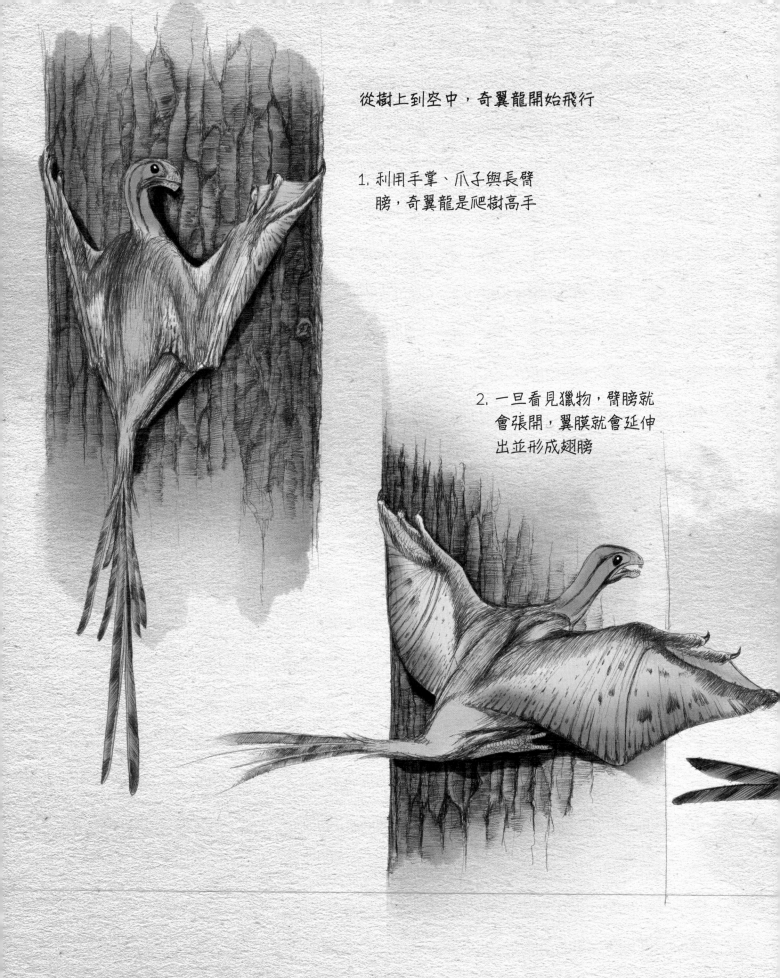

從樹上到空中，奇翼龍開始飛行

1. 利用手掌、爪子與長臂
   膀，奇翼龍是爬樹高手

2. 一旦看見獵物，臂膀就
   會張開，翼膜就會延伸
   出並形成翅膀

48

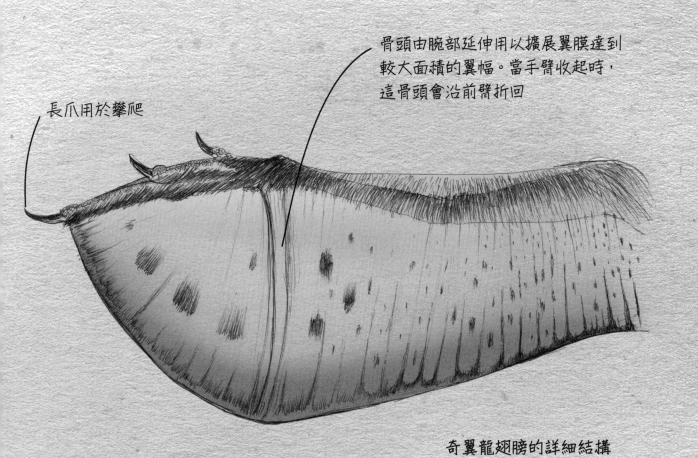

長爪用於攀爬

骨頭由腕部延伸用以擴展翼膜達到較大面積的翼幅。當手臂收起時，這骨頭會沿前臂折回

奇翼龍翅膀的詳細結構

3. 像彈弓一樣，奇翼龍用自己的
　　長腿由樹上一躍進入空中開始
　　飛行，在著陸之前向獵物俯衝
　　或是滑翔至另一棵樹上

# 蜥腳類恐龍
## The Sauropods（發音：Sore-uh-pods）

我們的旅程繼續深入侏羅紀晚期，探索最大的陸地動物：蜥腳類恐龍。在你面前展開的是廣闊的森林，由 30 公尺高的早期杉樹組成。在你腳下的是厚厚的綠色蕨類植物和蘇鐵植物，覆蓋在地面像一張一望無際的綠色地毯，中間偶爾點綴著黑色樹幹。翼龍類恐龍在空中滑翔，毫不費力地捕食昆蟲且不會破壞牠們的飛行節奏。周圍通常是寧靜的，只有偶爾一兩聲來自翼龍的嘎嘎叫聲以及樹枝突然折斷的聲音。這樹枝折斷聲引起你的注意，當你抬頭一看，一條厚實的脖子一直向上延伸，連著一顆幾乎察覺不到的頭部。牠猛力地拉回並折斷另一支樹枝。在脖子的基部是一個巨大的身體，由四條柱狀腿撐起。這隻動物大到無法一眼看盡。

這時，另一隻更重和更大的動物出現了，牠靜靜地把注意力轉移到底層植物。牠用嘴巴有系統地將葉子一片片由整株蕨類植物上剝離，一次一株，由這一棵植物到下一棵植物，只移動脖子，身體還是保持靜止。其他恐龍開始一一由樹木之間浮現，每一隻都不在意其他恐龍，只是自顧自的繼續進食。你無疑就是遇到一群蜥腳類恐龍。

蜥腳類恐龍是迄今為止最笨重最大的陸地動物。牠們以擁有大象般的大身體與長長的脖子和尾巴而聞名。雖然大多數都長得很巨大，不過有些物種的尺寸只有一頭大公牛般的大小。

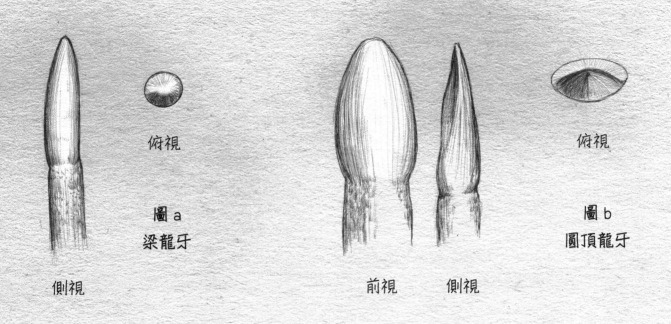

俯視

圖a
梁龍牙

側視

前視　　側視

俯視

圖b
圓頂龍牙

無論牠們的體型大小如何，每隻都是天生的大胃王。有些每天可以吃下上百公斤的植物來維持牠們的體型。蜥腳類恐龍的頭部通常很小，牙齒排列在顎的前緣。牠們沒有利用嘴來咀嚼或擠壓植物，而是將整株植物吞下。牠們的牙齒是專為兩種不同的飲食技巧所生：剝離或撕裂。木釘狀的牙齒（圖a）是用於將葉子由植株剝離；鑿齒（圖b）用於撕裂和切割樹葉和樹枝。失去功能的牙齒會根據需要每隔幾天或幾個月就會脫落與更新。

蜥腳類恐龍大又膨脹的身軀裡，有一處稱為「盲腸」的發酵腔室，這個發酵室可以處理吃進的原始植物材料，養分的吸收由砂囊開始一直到腸道。牠們的頸部也有助於攝食。很多物種演化出長頸，作用是能夠吃到長得很高的植物，或是在平地上能夠不移動身體就進行很大範圍的進食。

為了平衡牠們沉重的頸部和軀幹，蜥腳類恐龍進化出沉重的尾巴。這些尾巴也發展出專有的功能，有些成為有長鞭子或錘頭的防禦性武器。

蜥腳類恐龍從蛋孵化出來就是孤生的，意味著牠們不用依靠親龍的幫助，就完全可以自行進食和行走。巢穴通常是群聚的，一個巢區會有許多不同恐龍產下的蛋。就像現代的海龜一樣，只有一小部分的蜥腳類恐龍幼龍能在其他掠食者的捕食後生存下來，並長到成年。倖存的少數中，年幼的恐龍會聚在一起形成團體最後變成一大群，在群體中獲得安全。

一隻新生腕龍雛龍正要由蛋裡孵出並且加入其他腕龍以尋求安全。

## 侏羅紀晚期的蜥腳類恐龍

侏羅紀晚期被稱為「巨獸時代」。蜥腳類恐龍演化並繁衍成為地球上空前絕後的巨大體型物種。一些最知名的恐龍，如雷龍和梁龍，就是生活在這個時期。在侏羅紀晚期的景觀中，有大量的蜥腳類恐龍活動並不斷地尋找食物。

在這一章節，我們將探討三種基本的蜥腳類恐龍。首先，是梁龍科，牠們為人所熟知的是長又平的身體、牙齒長在嘴的前面，以及很長又一直甩動且佔了體長一半的尾巴。這一群的恐龍包括腕龍和梁龍。第二，是圓頂龍科，具有相對較短的直立頸部和較大的頭部，鼻孔在牠們的眼睛前面。這群分類上同屬一科的代表性恐龍是圓頂龍。最後，是腕龍科，牠們最出名的是長頸鹿般的姿勢，以及前肢比後肢長，這使牠們在行走時仍能保持讓脖子垂直的狀態。這群分類上同屬一科的恐龍代表，也是人類研究得最詳細的物種之一：布氏長頸巨龍。

接下來的幾頁中，我們會詳細探索這些壯麗的動物並且看看牠們特有的覓食和生存適應能力。

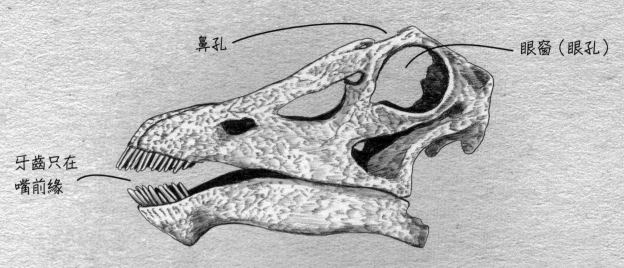

鼻孔　　　　　　　　　　　　眼窗（眼孔）

牙齒只在
嘴前緣

梁龍科恐龍的頭骨（哈爾氏梁龍）

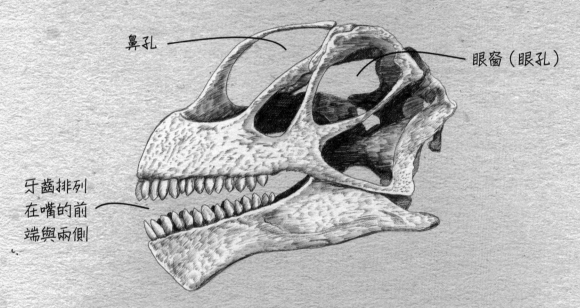

鼻孔　　　　　　　　　　　　眼窗（眼孔）

牙齒排列
在嘴的前
端與兩側

圓頂龍科恐龍的頭骨（至高圓頂龍）

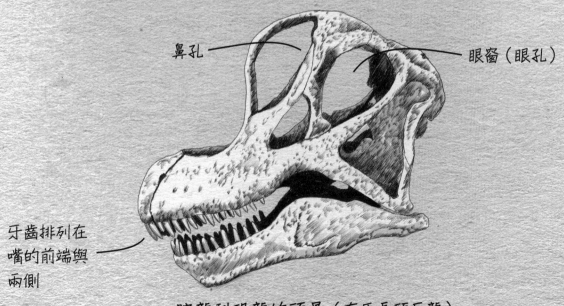

鼻孔　　　　　　　　　　　　眼窗（眼孔）

牙齒排列在
嘴的前端與
兩側

腕龍科恐龍的頭骨（布氏長頸巨龍）

長且呈矩形的頭部

長又厚實的頸部

背部有一條
高的脊背

小眼睛

短前肢

長顎部

窄又鈍的牙齒用來
剝開植物的葉

# 路氏雷龍

## Brontosaurus louisae

（發音：Bron-toe-sore-us, louise-ay）

**發現地點**：美國猶他州

**科別**：梁龍科（Diplodocidae）

**身長**：23 公尺

**身高**：5.2 公尺

**體重**：20 公噸

**性情**：防禦性，侵略性

末端如鞭狀的長尾

高大強壯的後肢

2.7 公尺
1.8 公尺
0.9 公尺

多年來，雷龍一直被稱為迷惑龍（Apatosaurus louisae）

57

幾乎不可能從後面
攻擊——雷龍的尾
巴像一條鞭子，能
夠對來自後方的任
何攻擊者造成傷害

牠尾端甩動的速度可以
比聲音更快，產生如甩
鞭發出的啪嗒巨大聲響

腿和腳直接在
身體下面

高聳的背部骨突扮演著支撐
頸部和尾巴的懸索橋

巨大的頸部

前腳比後腳小得多且
只有一片趾甲

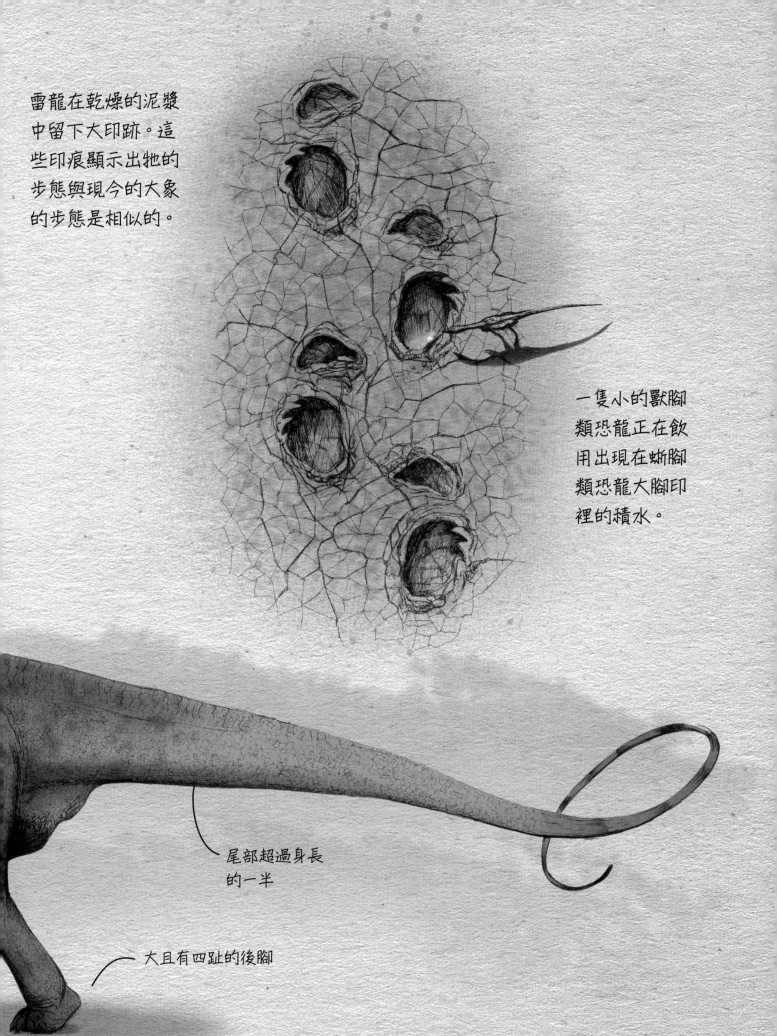

雷龍在乾燥的泥漿中留下大印跡。這些印痕顯示出牠的步態與現今的大象的步態是相似的。

一隻小的獸腳類恐龍正在飲用出現在蜥腳類恐龍大腳印裡的積水。

尾部超過身長的一半

大且有四趾的後腳

短又鈍的頭部

對蜥腳類恐
龍來說頭部
算大的了

相對厚實短小
的頸部

高聳的肩膀

前肢比後肢短

單趾前蹄

# 至高圓頂龍 Camarasaurus supremus

（發音：Kam-ara-sore-us, sue-preme-us）

發現地點：美國科羅拉多州、懷俄明州和猶他州

科別：圓頂龍科（Camarasauridae）

身長：15 公尺

身高：5.2 公尺

體重：15 公噸

性情：群居性，謹慎

小眼睛

頭上有圓頂

長又窄的尾巴

大且如鑿子般
的牙齒天生就
是用於切割樹
葉和樹技

四趾後腳

2.7 公尺

1.8 公尺

0.9 公尺

相較於大部分侏羅紀晚期的蜥腳類恐龍，
至高圓頂龍只能算是中等體型

雄性爭奪主導權：這種
行為在現代馬類和其他
被視為獵物的大型動物
中很常見。

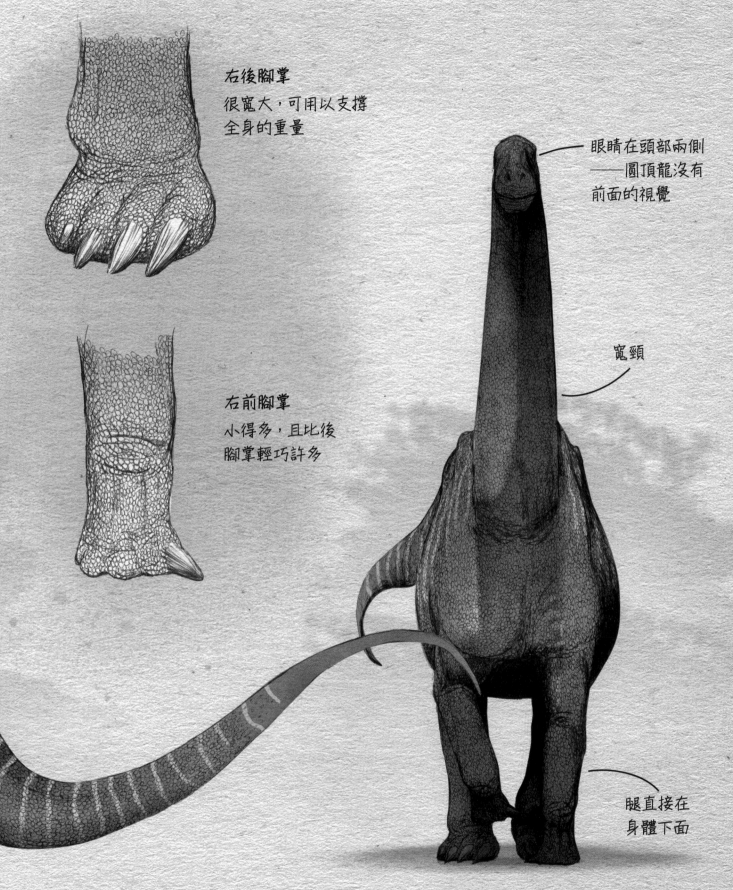

右後腳掌
很寬大，可用以支撐
全身的重量

右前腳掌
小得多，且比後
腳掌輕巧許多

眼睛在頭部兩側
——圓頂龍沒有
前面的視覺

寬頸

腿直接在
身體下面

圓頂龍的前視圖

2.7 公尺
1.8 公尺
0.9 公尺

梁龍的身軀非常長,卻比其他的大型蜥腳類恐龍來得輕

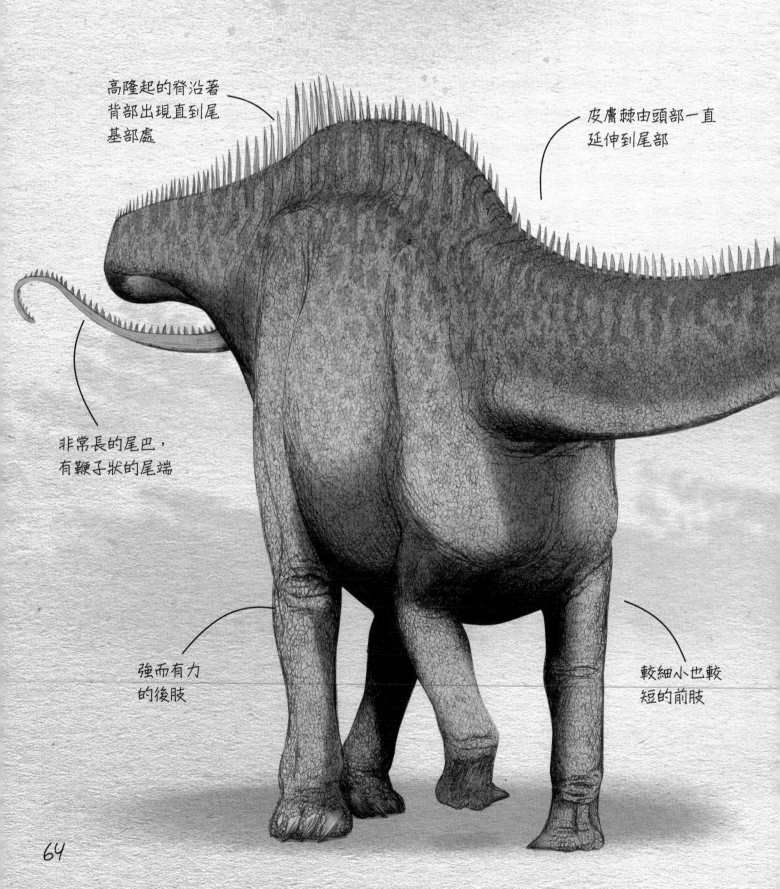

高隆起的脊沿著
背部出現直到尾
基部處

皮膚棘由頭部一直
延伸到尾部

非常長的尾巴,
有鞭子狀的尾端

強而有力
的後肢

較細小也較
短的前肢

# 哈爾氏梁龍 *Diplodocus hallorum*
（發音：Di-plod-oh-kus, hall-ore-um）

**發現地點**：美國科羅拉多與猶他州

**科別**：梁龍科（Diplodocidae）

**身長**：25 公尺

**身高**：6 公尺

**體重**：12 公噸

**性情**：群居性，謹慎

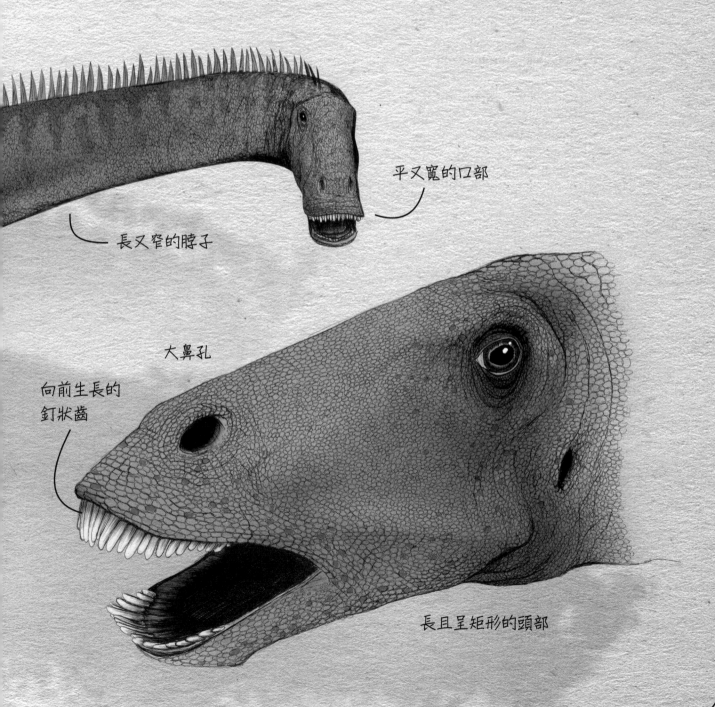

長又窄的脖子

平又寬的口部

大鼻孔

向前生長的釘狀齒

長且呈矩形的頭部

使用其 12 公尺長且肌肉發達
的尾巴作為防禦武器，梁龍來
回鞭打防止任何攻擊者接近。

相較於身體，
頭部顯得很小

窄且細長的體型

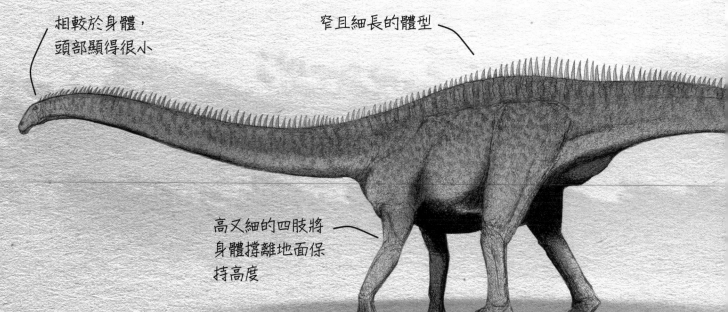

高又細的四肢將
身體撐離地面保
持高度

受梁龍尾巴一鞭,可以
讓獸腳類恐龍致命或造
成嚴重傷害。

尾部佔總體長
超過 50%

尾部細小呈現錐形
的部分幾乎佔了尾
巴長度的一半

# 布氏長頸巨龍 Giraffatitan brancai
（發音：Ji-raf-a-tie-tan, bran-kai）

發現地點：非洲坦尚尼亞

科別：腕龍科（Brachiosauridae）

身長：23 公尺

身高：15 公尺

體重：40 公噸

性情：防禦性，侵略性

2.7 公尺
1.8 公尺
0.9 公尺

多年來，布氏長頸巨龍一直被稱為布氏腕龍
（Brachiosaurus brancai）

背部傾斜向上

尾巴比脖子短

短後肢

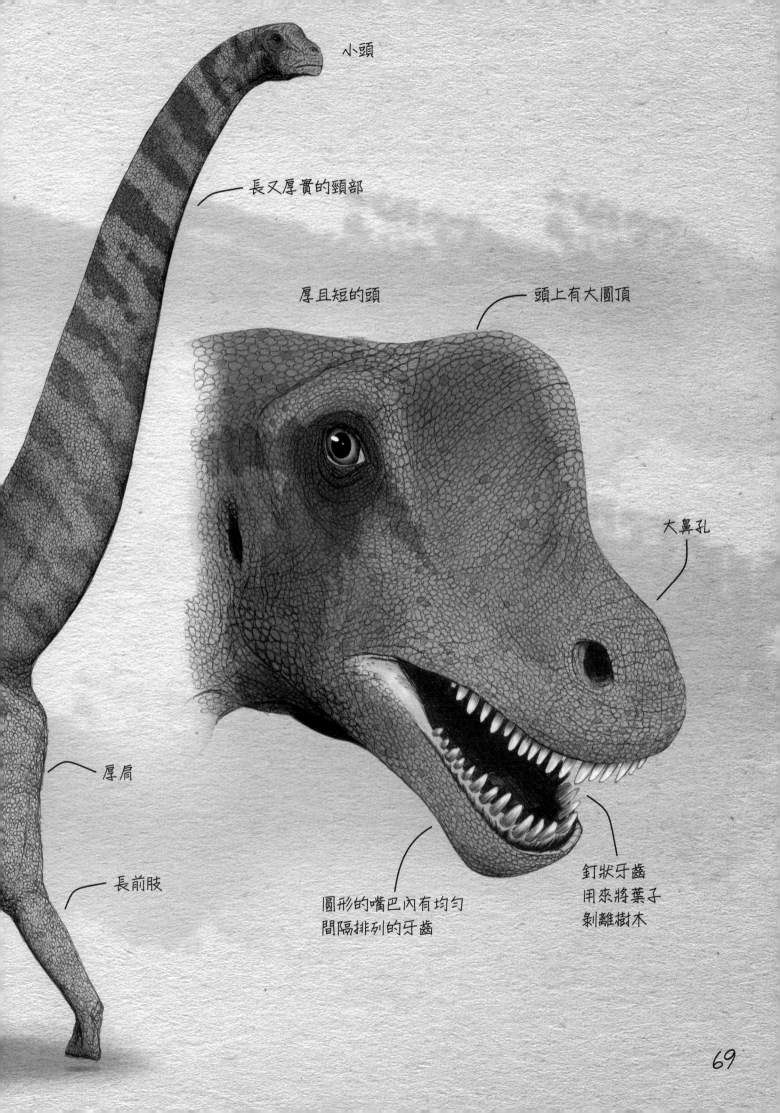

小頭

長又厚實的頸部

厚且短的頭

頭上有大圓頂

大鼻孔

厚肩

長前肢

圓形的嘴巴內有均勻
間隔排列的牙齒

釘狀牙齒
用來將葉子
剝離樹木

69

在巨獸的陰影下——40公噸重的成年布氏長頸巨龍使仔龍相形更小。牠們一大群聚在一起旅行，如此便能互相照應獲得保護。

大多數個體是體重為 1 公噸或更重的仔龍。

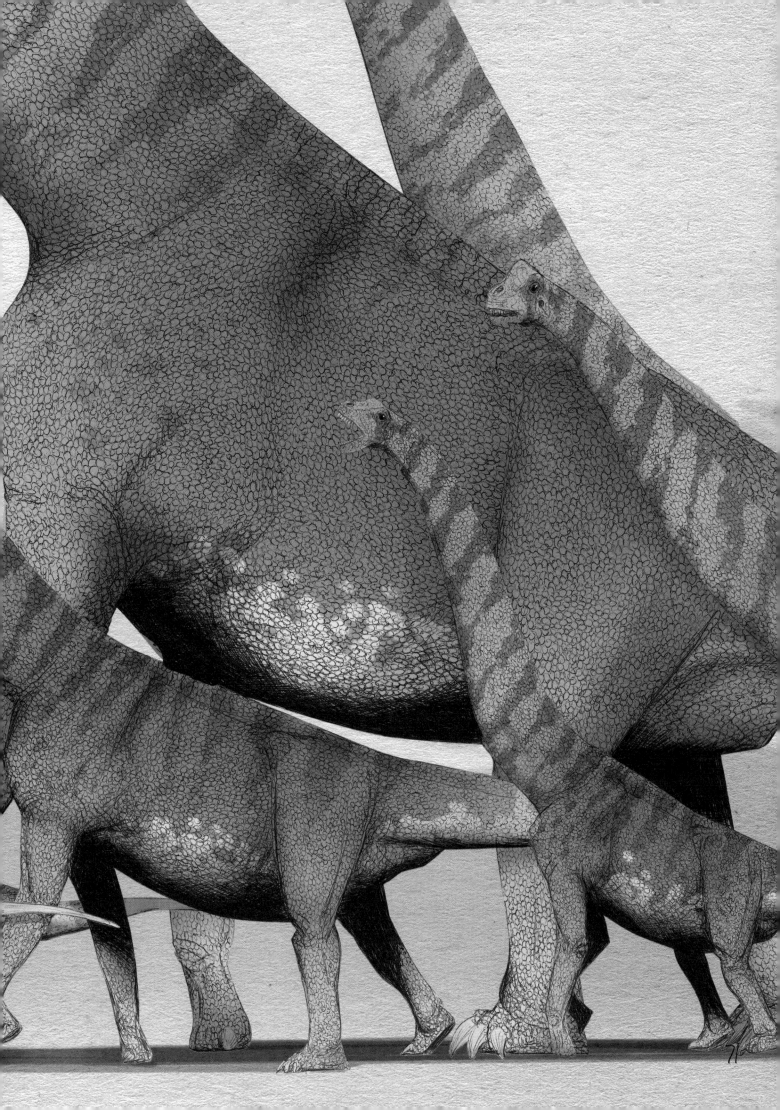

# 鳥臀類恐龍
## The Ornithischians（發音：Ore-ni-thisk-key-ahns）

這是個多霧的早晨，當侏羅紀的太陽剛剛要由一大片馬尾草平原升起時。當你走進這平原，霧慢慢地消散，每往前走一步就有樹漸漸浮現在眼前。

在你的耳朵裡一直有昆蟲和蚊子的嗡嗡聲，這聲音被一個來自附近大動物發出的低吼聲和鼻鼾聲打斷。這裡的空氣又悶又濕還混雜著糞便的氣味，讓人聯想到一座農場或寵物動物園。持續的咕咕低吼聲就在你的前面，一個高大聳立的物體開始慢慢地自濃霧中現形。當那物體漸漸地遠離你，牠也慢慢地露出真面目——牠是一隻正在吃著地面植物的巨大恐龍。在牠的鼻子周圍有一團聚集飛舞的昆蟲，並在牠鼻孔上停歇。這恐龍深噴一鼻息，將飛舞的昆蟲驅散開來，稍後小蟲子又聚集過來。牠的頭向下移動，大口吃下馬尾草植物。利用牠堅硬的喙，利落地切割植物，然後用牙齒碾碎並且嚥下口中的草料。

1.8 公尺

0.9 公尺

現在來到顯眼的地方。這個絕對不會認錯的背板告訴你牠是一隻狹臉劍龍，而且是很大一隻——超過 3.6 公尺高、6 公尺長，大約與現代的大象一樣大小。當你想看得更清楚而接近時，狹臉劍龍變得激動，開始前肢騰空後仰站立，好像在說「離我遠一點」。當牠們覺得你的接近會威脅到牠們時，這行為在野生動物身上都很類似。霧已經幾乎完全散去，現在田野上可以看見更多的動物。你這才意識到，自己正站在幾十隻全放牧在同一種牧草地的恐龍中。許多種類的鳥臀類恐龍也一如以往地和這些食草恐龍聚集在一起和平進食。

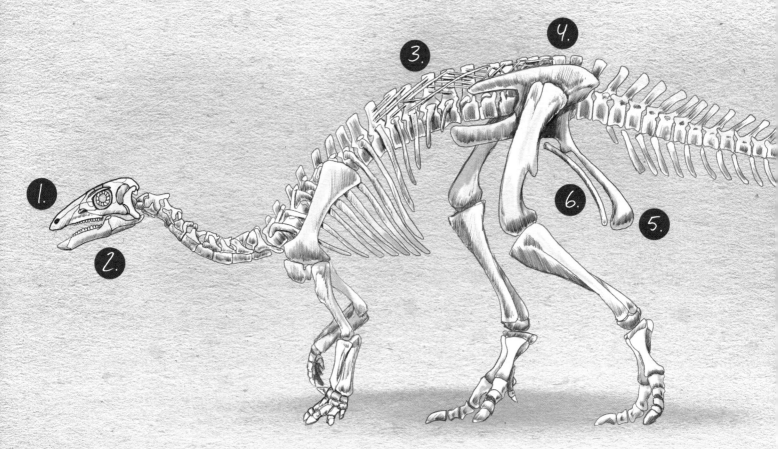

全異彎龍的骨骼

鳥臀類恐龍是兩大類恐龍中的一類，另一類是蜥臀目（saurichian）恐龍（包含獸腳類恐龍與蜥腳類恐龍）。牠們以臀部結構、喙嘴和草食性動物或「食草者」而聞名。鳥臀類恐龍是一個極其多樣化的群體，包括許多不同身體類型和不同自我防禦方式的恐龍。牠們的運動方式也非常多樣：有一些是雙足步行的（以兩條腿行走），其他是四足爬行的（以四條腿行走），還有許多物種在行動時能夠雙足步行與四足爬行互相切換。如果你比較鳥臀類恐龍與現代動物，牠們將被認為是大型獵物動物，如馬、牛、犀牛，甚至大象，因為牠們都有非常不同的身體類型和自我防衛的方式，且都是草食性。有些非常有名的鳥臀類恐龍，包括狹臉劍龍、三角龍（Triceratops，白堊紀晚期）、甲龍（Ankylosaurus，白堊紀）以及鴨嘴龍（Hadrosaur or "duck-billed dinosaur"，白堊紀晚期）。

什麼才是鳥臀類恐龍？

1. 骨狀喙在頭骨的前面
2. 用於研磨植物的牙齒
3. 骨狀腱與脊椎骨交錯
4. 腸骨狹窄
5. 坐骨面向後
6. 恥骨面向後

## 侏羅紀晚期的鳥臀類恐龍

到了侏羅紀晚期，大多數鳥臀類恐龍已經清楚地發展出對抗或逃離掠食者的方法——其中沒有比狹臉劍龍和衣索比亞釘狀龍更明顯的了。兩種恐龍的尾部都覆蓋著鋒利且尖銳的角，以及由背上升起的背板。有了這層阻礙物，很少有掠食者會願意去挑戰一隻健康的成年恐龍。釘狀龍甚至有約 1 公尺長的尖刺從肩膀突出，以避免來自兩側的偷襲。其他恐龍像是怪嘴龍，選擇被動形式的自我防衛。身體很寬，匍匐接近地面，全身基本上從鼻子到尾端都有裝甲，怪嘴龍本身對掠食者來說就是很難獲得的一餐。這一類的恐龍是未來會出現在白堊紀的恐龍的祖先，像是甲龍，透過使用骨化生長形成的棒槌狀尾端來擊退攻擊者，發展出更主動積極的自我防衛方式。其他物種如全異彎龍就演化出較大的後肢和較小的前肢，因為如此，牠可以跑贏很多的掠食者。當沒有辦法逃生時，全異彎龍也配備了一根大拇指爪作為奮力最後一搏的強大武器。

在後面幾頁，我們將探索鳥臀類恐龍，看看牠們如何在危險的侏羅紀晚期生存下來。

# 全異彎龍 Camptosaurus dispar

（發音：Kamp-toe-sore-us, dis-par）

**發現地點**：美國懷俄明州

**科別**：彎龍科（Camptosauridae）

**身長**：5 公尺

**身高**：1.8 公尺

**體重**：453 公斤

**性情**：隱居，生性害羞

相對長的脖子

背部高起

小頭

短前肢

手掌部有五根指頭，
包含特化成甲釘的拇指

眉骨半遮在眼睛之上，讓彎龍總是一副生氣的樣子

面頰隱蔽著研磨齒

喙用來剪切植物食材

寬又長的尾巴

堅固且強而有力的後腿

1.8 公尺

0.9 公尺

彎龍的字意是「彎曲的蜥蜴」，命名源自牠的駝背姿態

77

非常大的眼睛

彎龍仔龍

可以用四條腿走路，
逃避掠食者時會用兩
條腿奔跑。

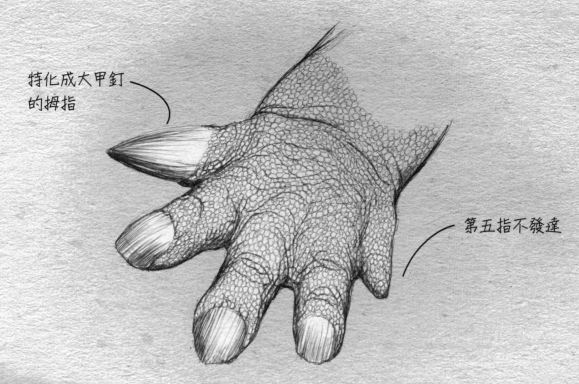

特化成大甲釘
的拇指

第五指不發達

彎龍左手掌部的詳細結構

一如許多現今的獵物
動物，總是處於警惕
危險的狀態，彎龍的
仔龍會聚集在親龍附
近尋求保護。

# 帕克品氏怪嘴龍
## Gargoyleosaurus parkpinorum
（發音：Gar-goy-lo-sore-us, park-pin-ore-um）

發現地點：美國懷俄明州

科別：結節龍科（Nodosauridae）

身長：3 公尺

身高：1 公尺

體重：272 公斤

性情：防禦性，侵略性

尾端沒有尖刺遮蔽

臀部上方的鱗片合併在一起形成盔甲

強而有力的尾巴帶有一整排的尖刺

短又結實的四肢

1.8 公尺

0.9 公尺

怪嘴龍很矮，卻可以防禦自己免受大型掠食者的攻擊

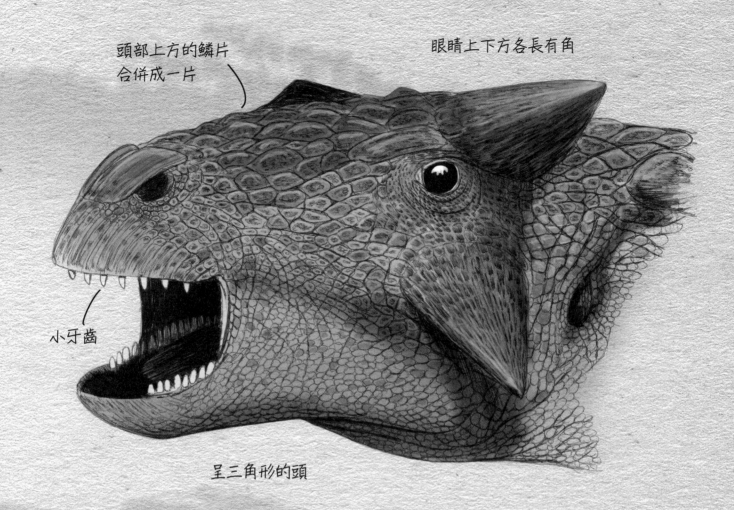

頭部上方的鱗片
合併成一片

眼睛上下方各長有角

小牙齒

呈三角形的頭

厚的鱗甲形成
裝甲外殼

側面的長尖刺用來
自我保護免受攻擊

鋒利的骨質尖刺沿著
尾巴的兩側排列

怪嘴龍的尾巴就像一
把斧頭，可以對任何
攻擊者施以重重一擊
造成傷害。

怪嘴龍的尾巴背視圖

堅硬化、圓頂形的
甲殼難以貫穿。

大開的站立姿勢和低重心，
讓怪嘴龍很難被打翻。

盔甲覆蓋在身體的上半部，
從鼻子尖端直到其尾部的末端。

長且呈矩形的頭

喙可用於切割
低矮的植物

在面頰後面有
研磨齒

沿著頸部和背部
有七排平板

小頭

相對長的頸部

短前肢

肩膀有突出
超大尖刺

84

# 衣索比亞釘狀龍
## Kentrosaurus aethiopicus
（發音：Ken-tro-sore-us, ethi-opee-cus）

發現地點：非洲坦尚尼亞

科別：劍龍科（Stegosauridae）

身長：4 公尺

身高：1.5 公尺

體重：680 公斤

性情：防禦性，侵略性

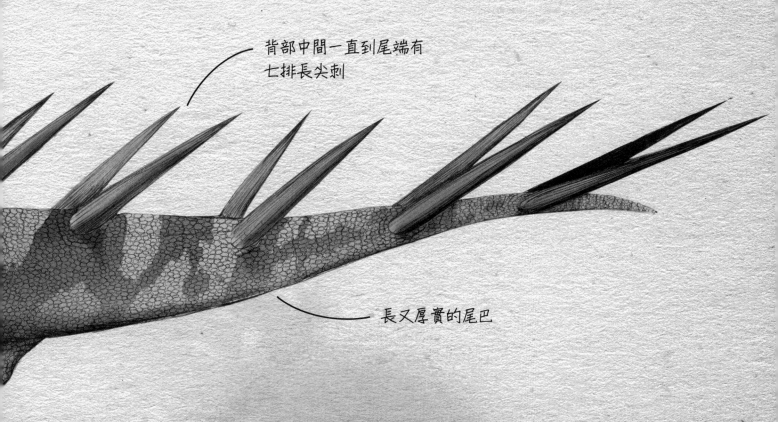

背部中間一直到尾端有
七排長尖刺

長又厚實的尾巴

長後肢

1.8 公尺

0.9 公尺

釘狀龍比美洲的表親劍龍（Stegosaurus）小很多

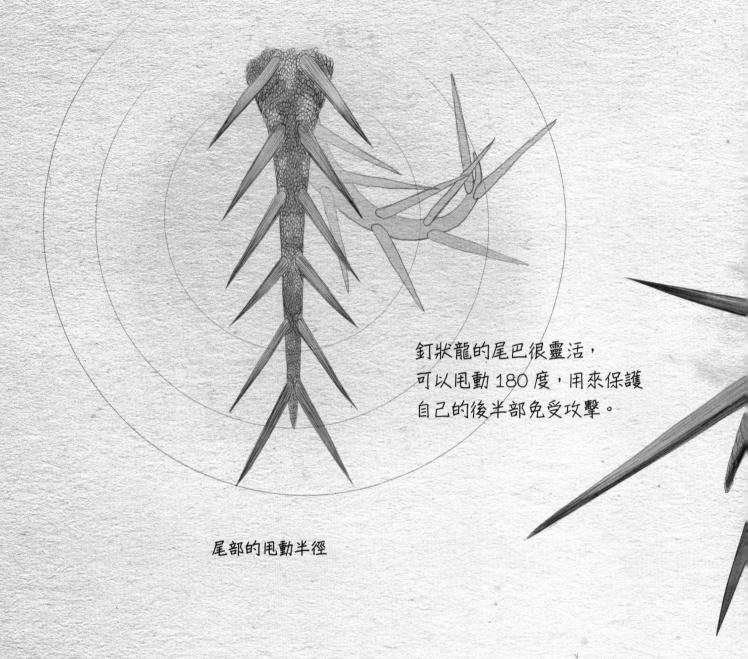

釘狀龍的尾巴很靈活，
可以甩動180度，用來保護
自己的後半部免受攻擊。

尾部的甩動半徑

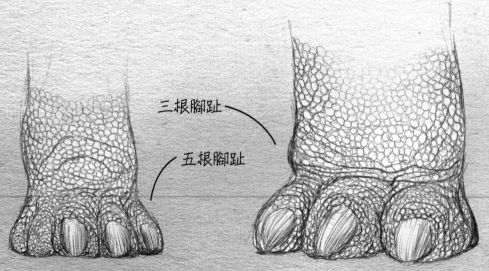

三根腳趾

五根腳趾

釘狀龍的右後腳掌

釘狀龍的右前腳掌

難以從任何角度攻擊，釘狀龍展示牠大又鋒利的尖刺來威懾任何不懷好意的掠食者。

長度超過 1 公尺的肩刺

釘狀龍的長脖子讓牠可以往後看

# 狹臉劍龍 Stegosaurus stenops
（發音：Steg-go-sore-us, sten-opps）

發現地點：美國科羅拉多州

科別：劍龍科

身長：6.5 公尺

身高：3.5 公尺

體重：3.5 公噸

性情：侵略性

行行交錯的 17 片
盔甲片主要做為
展示之用

短、厚、窄
的軀幹

小頭搭配短脖子

五趾前腳掌

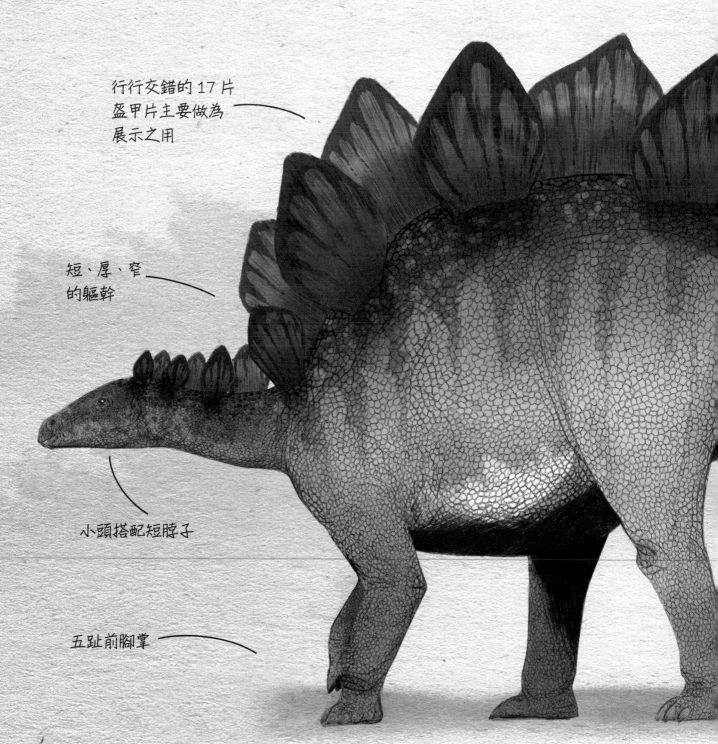

長又窄的頭

小牙齒在顎的
兩旁成行排列

厚骨質鱗片用作
保護頸部的盔甲

五根尖刺趾甲
用來進行防禦

後肢是前肢
長度的兩倍

肌肉發達又厚的尾部

三趾後腳掌

2.7 公尺

1.8 公尺

0.9 公尺

劍龍是很大且極度危險的恐龍

一隻健康的成年
劍龍很少有敵
人。牠的體型、
重量與充滿尖刺
的尾部會讓掠食
者打退堂鼓。

受到威脅時，
劍龍會用兩條腿
站立，讓自己看
起來更巨大。

強有力又靈活的尾端有
四根長的尾尖刺可以輕
易殺死任何掠食者

劍龍尾部的詳細結構

劍龍雛龍和仔龍會與
成年劍龍待在一起以
尋求安全和保護,免
受掠食者的攻擊。

兩歲的劍龍仔龍可
長到 1.5 公尺長,
尾巴也已長出尖刺。

# 翼龍類恐龍
## The Pterosaurs（發音：Ter-uh-sore）

時序在侏羅紀，傍晚接近黃昏時刻，太陽開始接近地平線。太陽下山也一起將白晝的炎熱帶走，夜晚的到來為萬物提供喘息的機會。白晝的結束意味著另一群新動物的到來以及截然不同的夜景。太陽的餘暉讓數百萬看似黑點在空中聚集飛舞的昆蟲更加明顯，幾乎像一片雲一樣。有蜉蝣、蚊子、豆娘和蜻蜓，牠們以不同的速度飛行，慢慢地攪動牠們所形成的雲。那一團昆蟲形成的雲，忽地出現長長的斜線，是較大的飛行動物開始像刀一樣切開空氣。好幾十隻飛行動物開始捕食在牠前面飛舞的一大群昆蟲。這些飛行動物有兩種不同身型：一種是較大體型的，尖頭的喙，尾端是一個菱形的舵；另一種體型小很多且頭是圓的。

不必費力精確計算，牠們在空中衝刺貫穿，捕捉獵物，曲折飛行恰恰好躲開彼此，彷彿這是一場排練過的複雜舞蹈。牠們當中最大的一隻有像老鷹一樣寬的翼展，然而最小的一種不比冠藍鴉（Cyanocitta cristata）大。其中一隻一下子飛到離你頭上幾十公分的地方，你感覺到一陣風掠過，你聽到牠快速震翅。你目擊了翼龍日常盛宴：侏羅紀晚期的絕對飛行大師。

翼龍的古希臘文 Pterosaurs 意思是「有翅膀的爬蟲類」，是第一種演化出有能力自行飛翔的脊椎動物，比哺乳類（蝙蝠）或甚至鳥類早上幾百萬年。

牠們使用與現今鳥類相同的飛行準則來飛行，利用由第四根延長的手指接到後肢的纖維膜所組成的翼來飛翔。翼龍類恐龍的構造就是為非常有效率地飛行設計的。牠的骨骼包括一個與肺部一起運行的氣囊系統，可以幫助呼吸和減少體重。翼龍類恐龍的骨架是由一組堅固的空心骨頭架構而成，其顱骨含有稱為「窗孔」的開口，用來幫助減輕重量而不破壞整個支撐結構。牠們本身就是一件工程學的精心傑作。

## 侏羅紀晚期的翼龍類恐龍

到了侏羅紀晚期，翼龍類恐龍已經發展出專門為狩獵和飛行的適應性。像明氏喙嘴翼龍這一類的物種都配備了細且面朝前的牙齒，專為在飛行時捕捉昆蟲和魚類。牠彎曲的喙在頭骨和下巴都有削尖的頂端，以確保獵物無法逃脫。喙嘴翼龍也因長而堅硬的尾巴而聞名，尾巴是用來平衡身體的，作用就像風箏的尾巴。藉由擺動尾部，牠可以改變飛行方向並隨意控制飛行。阿蒙氏蛙嘴翼龍，相形之下，飛行時就沒有長尾巴來幫助平衡。牠的細長翅膀和圓形如青蛙般的臉，更適合在樹林和諸多障礙物之間緊密排列的地方飛行，在那裡，牠可以在半空中就捕捉到昆蟲。蛙嘴翼龍也有大且進化的眼睛，得以在低光線條件下仍能保有視力，因此蛙嘴翼龍也是出色的夜間獵人。

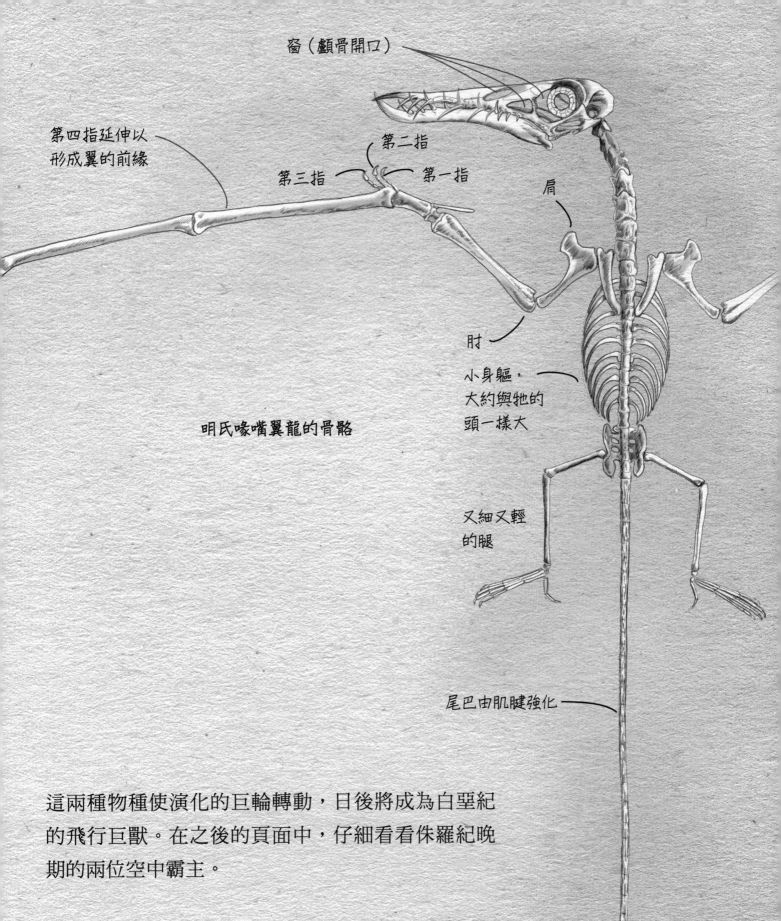

窗（顳骨開口）

第四指延伸以
形成翼的前緣

第三指　　　　第二指

第一指

肩

肘

明氏喙嘴翼龍的骨骼

小身軀，
大約與牠的
頭一樣大

又細又輕
的腿

尾巴由肌腱強化

這兩種物種使演化的巨輪轉動，日後將成為白堊紀
的飛行巨獸。在之後的頁面中，仔細看看侏羅紀晚
期的兩位空中霸主。

# 阿蒙氏蛙嘴翼龍
## Anurognathus ammoni
（發音：An-your-og-nath-us, am-mon-i）

**發現地點**：德國

**科別**：蛙嘴龍科（Anurognathidae）

**身長**：15 公分

**身高**：翼展寬 50 公分

**體重**：40 公克

**性情**：難以捉摸

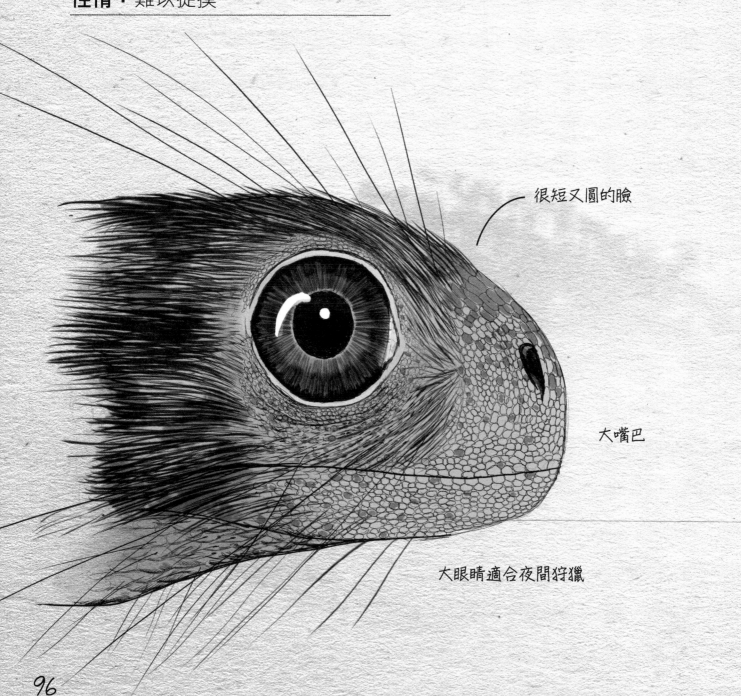

很短又圓的臉

大嘴巴

大眼睛適合夜間狩獵

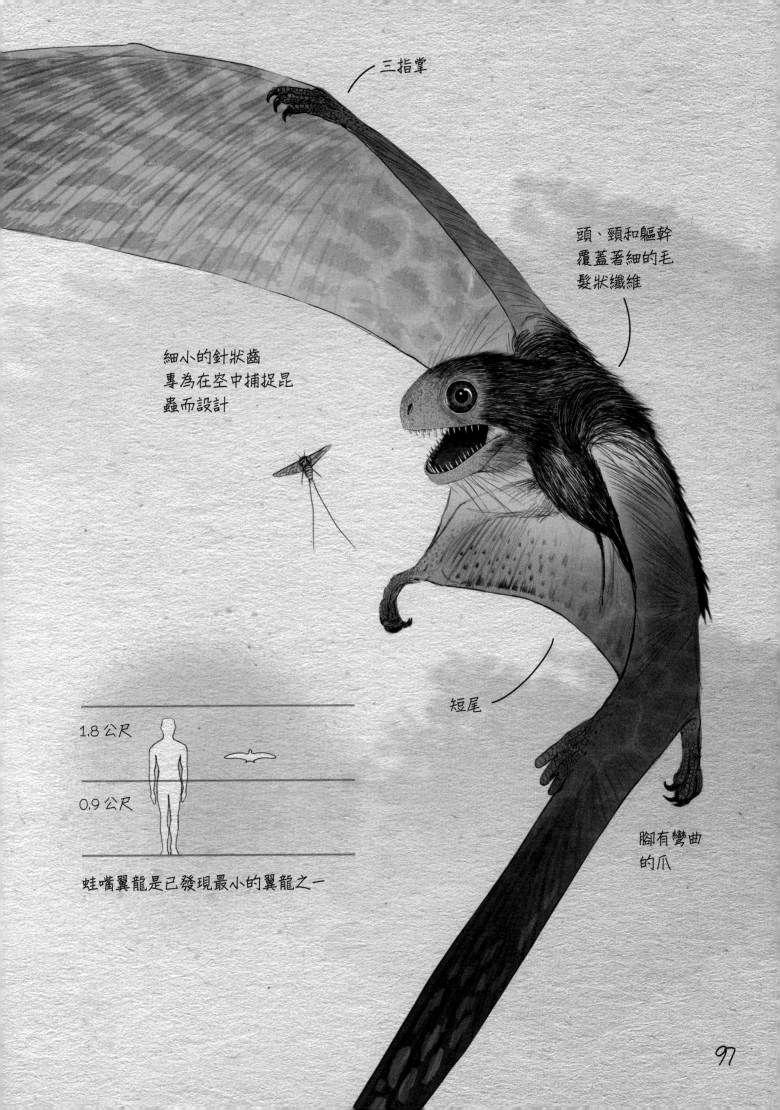

三指掌

頭、頸和軀幹
覆蓋著細的毛
髮狀纖維

細小的針狀齒
專為在空中捕捉昆
蟲而設計

短尾

1.8 公尺

0.9 公尺

蛙嘴翼龍是已發現最小的翼龍之一

腳有彎曲
的爪

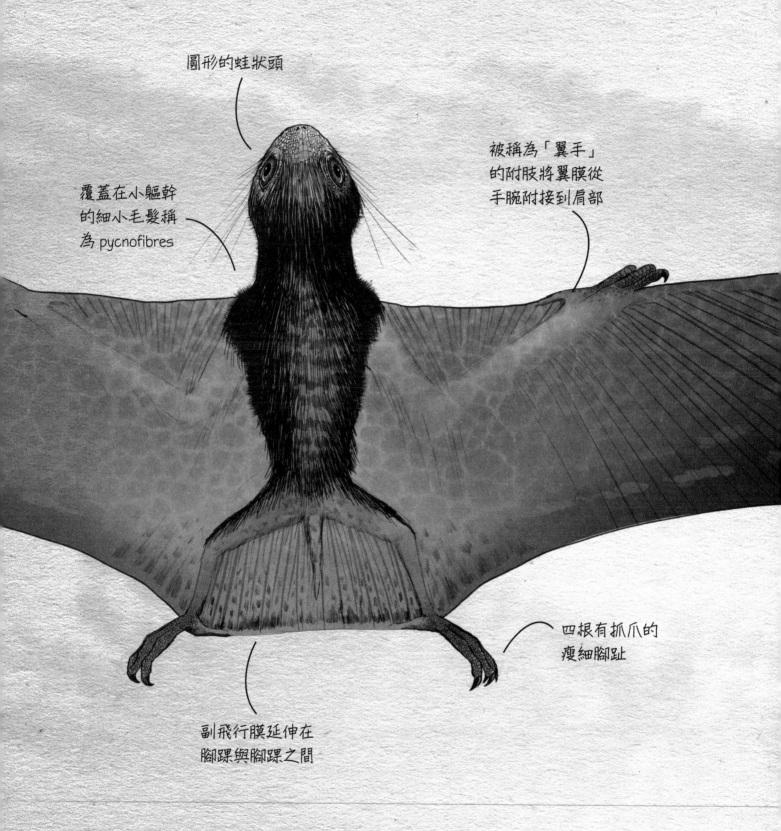

圓形的蛙狀頭

被稱為「翼手」
的附肢將翼膜從
手腕附接到肩部

覆蓋在小軀幹
的細小毛髮稱
為 pycnofibres

四根有抓爪的
瘦細腳趾

副飛行膜延伸在
腳踝與腳踝之間

蛙嘴翼龍的背視圖（實際大小）

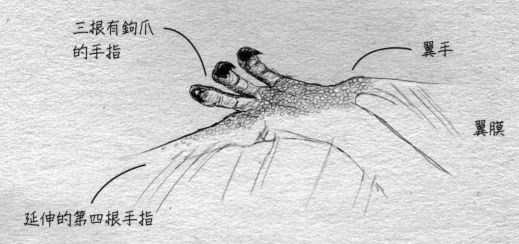

三根有鉤爪
的手指

翼手

翼膜

延伸的第四根手指

蛙嘴翼龍右手掌部的詳細結構

翼末端有細長的
纖維絲可增加翼
的強度和柔性

使用牠的強壯肌肉，
蛙嘴翼龍藉著前肢向
前跳躍與推進的力量，
將自己發射到空中。

# 明氏喙嘴翼龍
## Rhamphorhynchus muensteri
（發音：Ram-for-ink-uss, moon-stery）

**發現地點**：德國

**科別**：喙嘴翼龍科（Rhamphorhynchidae）

**身長**：1.26 公尺

**身高**：翼展寬 1.81 公尺

**體重**：1.13 公斤

**性情**：隱居，生性害羞

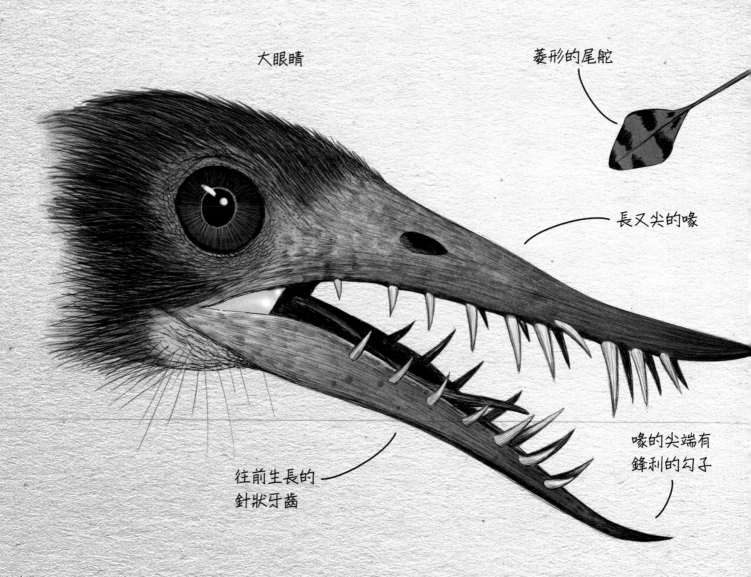

大眼睛

菱形的尾舵

長又尖的喙

喙的尖端有
鋒利的勾子

往前生長的
針狀牙齒

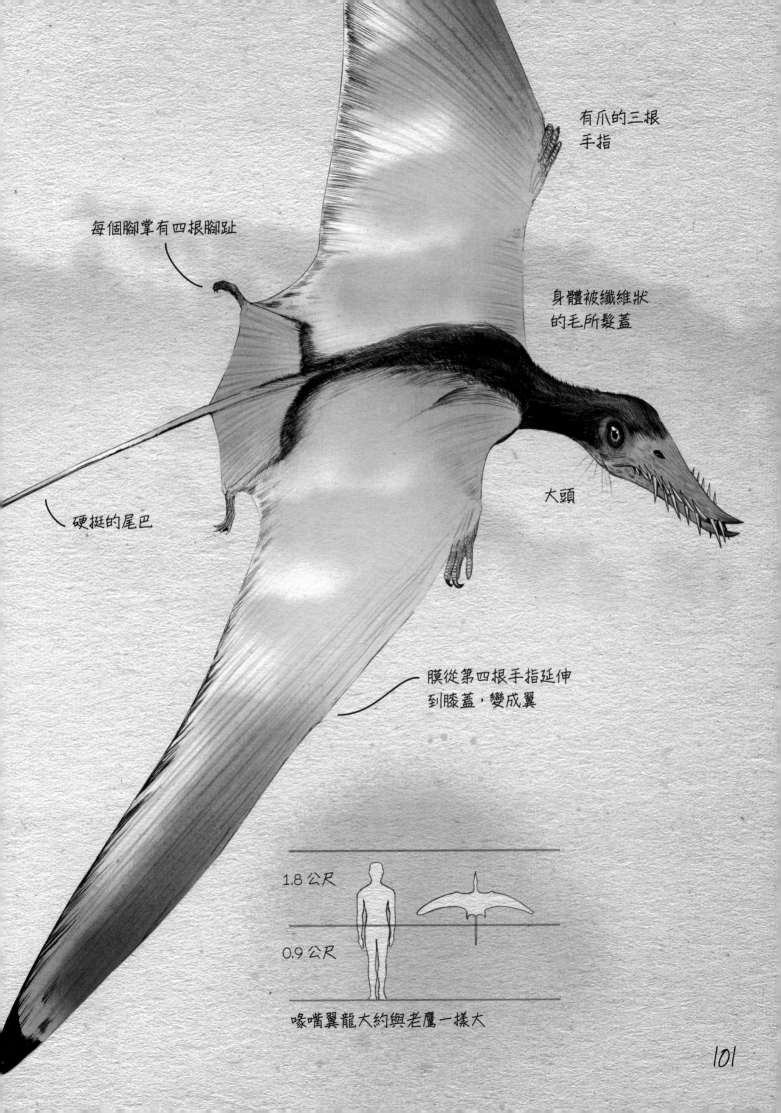

有爪的三根
手指

每個腳掌有四根腳趾

身體被纖維狀
的毛所覆蓋

硬挺的尾巴

大頭

膜從第四根手指延伸
到膝蓋，變成翼

1.8 公尺

0.9 公尺

喙嘴翼龍大約與老鷹一樣大

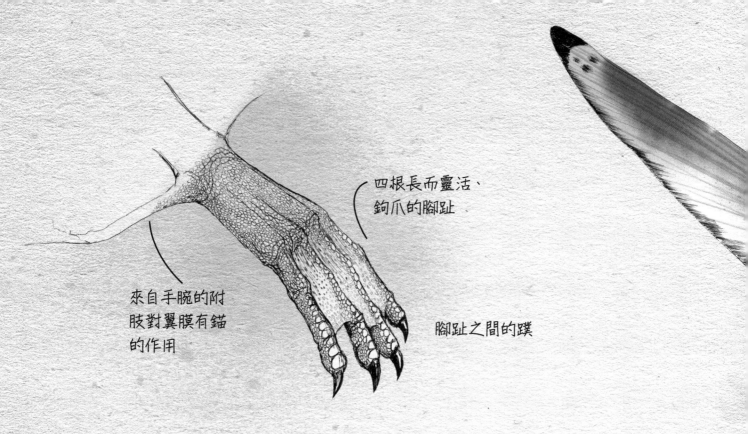

四根長而靈活、
鉤爪的腳趾

來自手腕的附
肢對翼膜有錨
的作用

腳趾之間的蹼

右腳掌詳細結構

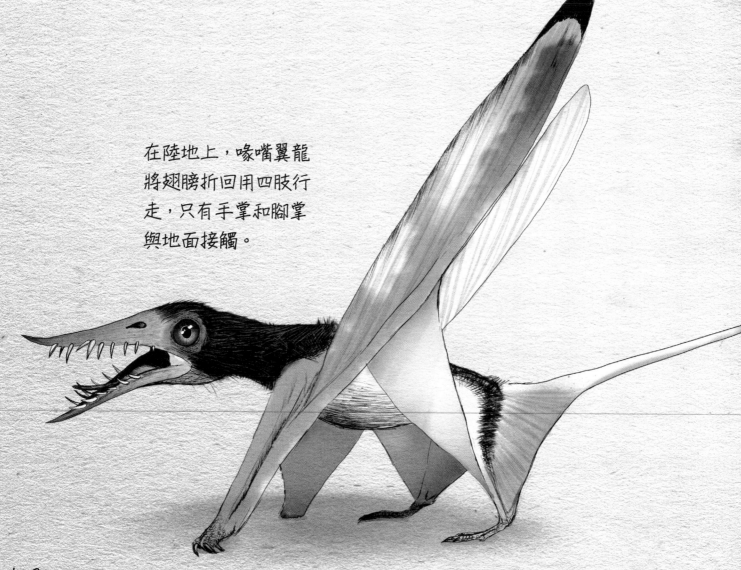

在陸地上，喙嘴翼龍
將翅膀折回用四肢行
走，只有手掌和腳掌
與地面接觸。

天生的機會主義者，捕捉
到的獵物總會有其他喙嘴
翼龍來爭奪。

喙嘴翼龍大部分食用
魚類，但是有時也會
食用小型的飛蟲。

喙嘴翼龍張開雙腿
可以讓牠的翼有更
寬大的表面積。

喙嘴翼龍的長又硬的尾
巴像個平衡錘，讓牠可
以毫不費力在空中改變
飛行方向。

# 哺乳動物
## The Mammals

又是侏羅紀晚期尋常的一天，又熱又潮濕，還有揮之不去的擾人昆蟲的叮咬。為了避開炎熱的陽光，你躲到樹叢的樹蔭下，驚訝地發現那些樹動了起來，原來是有一些長著長尾的小動物在樹枝與樹枝之間跳動相互嬉戲。牠們看起來像是松鼠與負鼠的混種，動作也跟現今的哺乳類很像。牠們已經完全掌握樹上生活，忘了任何伴隨生活在地上而來的危險。這些動物與我們在侏羅紀遇到的其他野生動物形成驚人的對比。看著牠們讓你幾乎忘了你是在距今 1 億 5000 萬年前的地球。這些是早期的哺乳動物，你的老祖先，可以讓你一窺演化為地球儲藏備用了什麼。

最早的哺乳類出現在比侏羅紀晚期早約 5000 萬到 7500 萬年的三疊紀晚期。牠們與恐龍在同一時期共同生活與演化，但是體型維持嬌小，刻劃出演化利基並且不直接與恐龍競爭。牠們的小體型其實是上天保佑的偽裝，幫助牠們度過可能絕種的命運。

發生在距今約 6500 萬年前的那次大滅絕奪走了所有恐龍的生命。之後，哺乳類開始繁盛並且慢慢演化出大型物種，也出現了早期的靈長類，最終才是人類的現身。

## 侏羅紀晚期的哺乳類動物

到了侏羅紀晚期，哺乳類適應了不同的生活型態，像是弗魯塔掘獸（Fruita-fossor windscheffeli）就具有專用於挖掘的身體特徵，以白蟻與螞蟻為主食。其他像是獺形狸尾獸（Castorocauda lutrasimilis）就依水為家，演化出半水生的屬性，與現在的水獺生活相似。

在這個章節，我們會檢視一下有詳細記錄的物種，像是陸氏神獸，一種來自中國且棲息在樹上或稱為「樹棲」動物，以及中華侏羅獸，意指「侏羅紀的母親」，也是來自中國。陸氏神獸演化出具有適合抓握的對生趾的手與足部，以及適合且具有抓握樹枝能力的尾巴，就像擁有另外一隻手。中華侏羅獸生活在樹上與陸地的時間相當，體形像一隻小老鼠或是水鼩。中華侏羅獸最受注目的主要特徵是：牠可能是第一隻有胎盤的哺乳類動物，意思是出生的幼獸是在子宮內孕育成的。這些是生活在恐龍之中的兩種早期的哺乳類動物，預示了地球即將經歷的演化改變。

# 陸氏神獸 Shenshou lui
（發音：Shen-shoe, le-oh）

發現地點：中國遼寧

科別：哺乳綱（Mammalia）

身長：0.3 公尺

體重：0.3 公斤

性情：生性謹慎

大眼睛讓陸氏神獸
在微弱光線下也能
看到東西

非常大的門牙

1.8 公尺

0.9 公尺

陸氏神獸大約與現今的松鼠一樣大

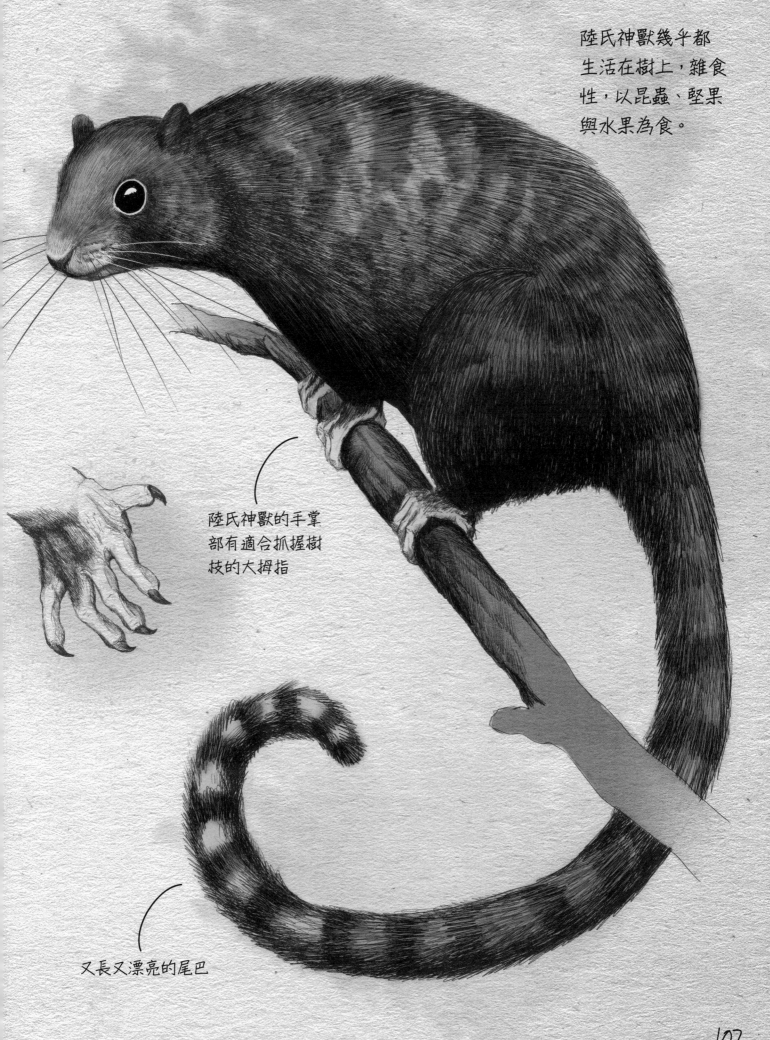

陸氏神獸幾乎都
生活在樹上，雜食
性，以昆蟲、堅果
與水果為食。

陸氏神獸的手掌
部有適合抓握樹
枝的大拇指

又長又漂亮的尾巴

# 中華侏羅獸 *Juramaia sinensis*
（發音：Joor-ah-my-ah, sin-n-sis）

發現地點：中國遼寧

科別：哺乳綱

身長：12 公分

體重：15 公克

性情：隱居，生性害羞

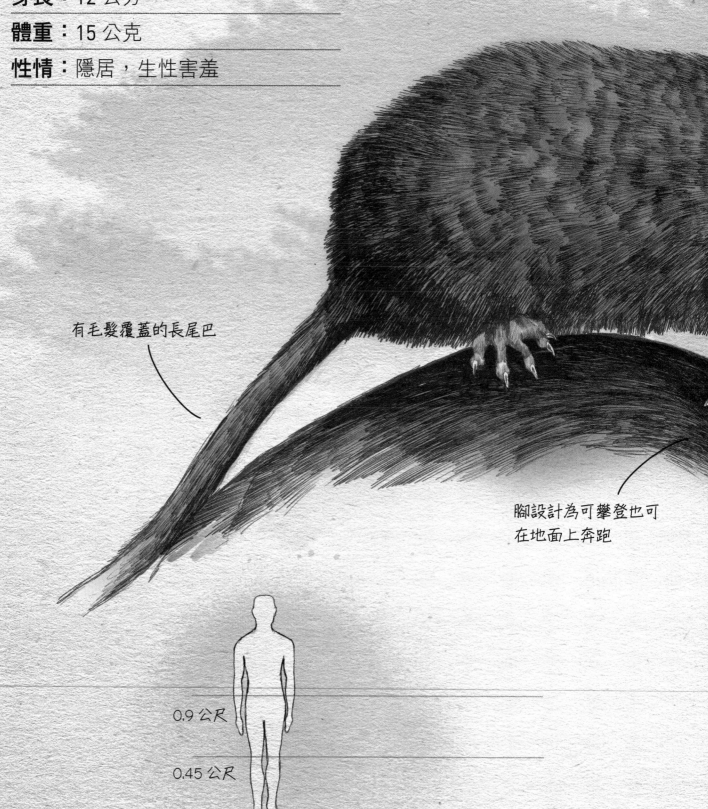

有毛髮覆蓋的長尾巴

腳設計為可攀登也可
在地面上奔跑

0.9 公尺

0.45 公尺

侏羅獸的大小約是現今樹鼩的大小

長且呈圓錐形的牙齒用於
捕食昆蟲和蠕蟲

身體有短毛
髮覆蓋

長的嘴部

侏羅獸頭部的詳細結構

# 白堊紀早期
## The Early Cretaceous

想像一下，時間回到 1 億 2000 萬年的白堊紀早期階段，在一個類似今天的地球上走動，但在許多方面幾乎是陌生的。

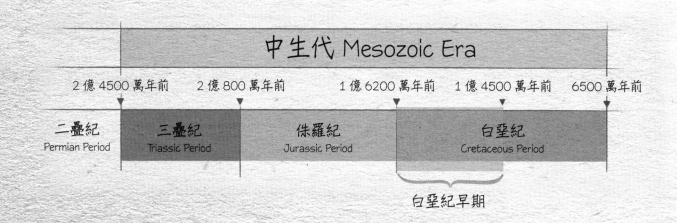

白堊紀是中生代最後的一個時期，或稱為「爬蟲年代」。地球正在經歷一場巨變；盤古大陸正慢慢地碎裂飄移。移動的板塊順著一個炎熱的大裂谷被撕開，形成早期的北大西洋。南美洲與非洲還有一部分連接在一起，當時的南極洲、澳洲與印度還是相互緊密連接的一個板塊大陸。

一大片地區被淺海覆蓋，將歐洲變成類似今天的印尼群島一樣。位於熱帶地區的廣大古地中海將亞洲與南方大陸隔開，那時的太平洋是從未有過的寬廣。當你在白堊紀早期旅行，你會體驗到世界大部分地區的氣候都是溫暖的。季節只有乾季和濕季。接近極地地區，冬天非常冷，日照非常短。

你會看到一些高地上盤據著冰川，特別是在最南端的一些地區。當你穿越大陸板塊的中心，會遇到一望無際的乾旱沙漠，如果盡可能地持續旅行，這沙漠會讓你的旅程變得困難重重。植物生長茂盛的區域廣佈，地上長滿及腰的蕨類，在乾燥的平坦地區形成一片遼闊的草原。

當你旅行穿過森林，會看到低矮的蘇鐵、銀杏及巨大高聳的針葉樹。小花灌木——才剛出現在地球上——裝飾著溪流和小河的兩岸。你沒有草地可走，也看不到像橡樹或核桃樹這樣的闊葉樹，因為它們都還沒演化出來。很多動物對你來說看起來很熟悉。小水漥是青蛙、烏龜和蠑螈的家園。

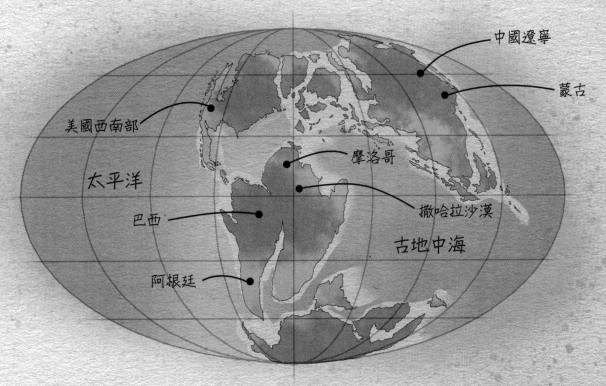

白堊紀早期的地球

你可能會發現蜥蜴和老鼠大小的哺乳類動物急匆匆地穿過矮樹或是由地洞鑽入地下。這裡的昆蟲也都看起來很熟悉；你會發現蜻蜓、蒼蠅、跳蚤、蟑螂，群聚的白蟻、黃蜂和飛蛾。

在許多方面，白堊紀早期的事物景色會讓你想起現今的地球。但在其他方面，它是個令人難以置信的不同世界。白堊紀早期的許多野生動物都是非凡的！動物必須適應生存在一個恐龍稱霸的世界，環境是如此野蠻，除非將自己武裝起來，否則四處走動絕對是不安全的。

有兩條腿及長尾的致命掠食動物跟市公車一樣長，比任何活跳跳的人類都敏捷，每一隻都能生吞一整個人（難怪有些草食動物會把自己裝甲得像坦克車一樣）。其他就像在陸地上的鯨魚一樣，重達 100 公噸，高達五層樓高！這些龐然大物一大群一起活動，毀壞牠們賴以為食的傘狀針葉樹。然而其他大型食草恐龍看起來像大體型的牛和鴨子的混種，扁平的喙專為撕裂植物而生。

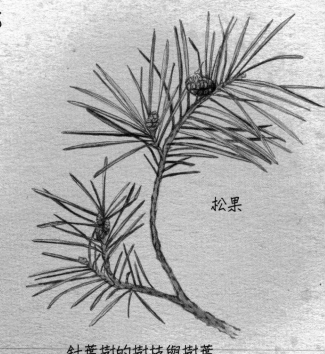

松果

針葉樹的樹枝與樹葉

不是所有的白堊紀早期恐龍都很大。事實上，大多數都相當小而且多是像鳥類一樣披著羽毛。大多數小恐龍都是有喙的草食性動物，並且用兩條腿奔跑。許多是雙

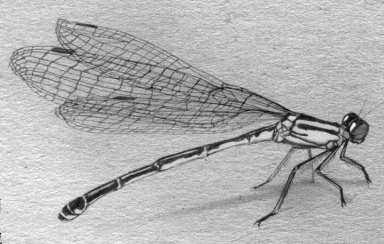

足步行的掠食者，有些在牠們的內趾上有鐮刀狀的剃刀爪，用來將獵物開腸剖肚。與鳥最密切相關的恐龍在牠們的臂膀和腿上都長有翅膀，牠們用這翅膀在樹與樹之間飛行以及和從上俯衝抓獵物。我們現在熟知的鳥類才剛剛開始要出現。牠們經常一大群一起生活，與已經長期統治天空的飛行翼龍展開激烈的競爭。翼龍因此變得越來越大，具有畸形的巨大頭冠和較短的尾巴。

現在想像一下與這些動物生活在一起，在你的日誌當中，記錄和描繪牠們生活中的每一個細節。這本書的緣起就是想透過藝術和科學為你活生生地呈現這些華麗的動物。通過最新的觀察探索白堊紀早期世界以及在其中生活的生物，進而了解每個物種的個性。探索頭部在離地五層樓高的蜥腳類恐龍，如何以極大的壓力將血液泵送到大腦。探索當恐龍發展出翅膀後如何學會飛行。看看一些恐龍如何在極地暴雪中生存，而其他恐龍如何適應沙漠的熱。這本筆記以圖解讓你體驗可能是最奇怪的野生動物會是什麼樣子，這些野生動物曾經出現在地球上，而且可能永遠不會再現。

歡迎來到白堊紀早期。

# 獸腳類恐龍
## The Theropods（發音：Theer-uh-pods）

無論正活著或是已滅絕的動物，很少能像獸腳類恐龍一樣，讓人產生這麼多的畏懼和恐怖感。想想看，在白堊紀早期的世界，遇到一隻有 12 公尺長的動物，頭跟你的身體一樣大，鋒利的牙齒有 20 公分長，會是什麼樣子。牠的小眼睛直視著你，因為牠聞到了你的氣味。你試著逃跑，但是牠比你跑得快很多。你試著躲起來，但是無論你躲在哪裡，牠的靈敏嗅覺都可以找到你的氣味。你實在不是這個史無前例最大掠食者的對手。幸運的是，這樣的遭遇永遠不會發生，不過這些大型獸腳類恐龍的後代，正以各式各樣的鳥類型態生活在我們週遭。

獸腳類恐龍 Theropods 原文的意思是「有野獸腳的」，是一群生活在整

1.8 公尺

0.9 公尺

個中生代時期且很多樣化的恐龍。牠們被分類為蜥臀目的恐龍，或「有蜥蜴臀部的」（因為牠們的臀部結構），並且大多被認為是以雙足行動的。獸腳類恐龍的種類依大小區分，範圍由很迷你的只有 30 公分，到超過 15 公尺長的超級掠食者。

除了幾個例外，獸腳類恐龍身體纖細且後肢較長前肢較短，有長尾巴。牠們的手掌部通常有三根手指，專事如飛行或抓捕獵物之用；在某些物種中，手掌部甚至萎縮到接近無用的程度。牠們的腳包含四根腳趾，其中三根與地面接觸，並用於步行和跑步。

獸腳類恐龍骨骼是由薄壁空心骨骼構成，且具有較大的頭骨。大多數獸腳類恐龍的顱骨在結構中有一些洞：稱之為「窗孔」，目的是使頭部更輕，這樣有時才能讓一些恐龍擁有更大和更重的牙齒。

大多數獸腳類恐龍都是肉食性的，以其他恐龍、昆蟲和魚類為食；其他則是食草動物，只以植物維生。有些是雜食性的，啃植物也吃肉類。雖然所有的恐龍都令人著迷，卻只有肉食的獸腳類恐龍會讓人產生最大的畏懼，牠們本身就是一座軍械庫，包括爪形手、鋒利剃刀爪和切肉用的鋸齒狀牙齒，因此成就牠們成為地球有史以來最令人毛骨悚然的生

蛋齒

剛孵化的獸腳類
恐龍雛龍

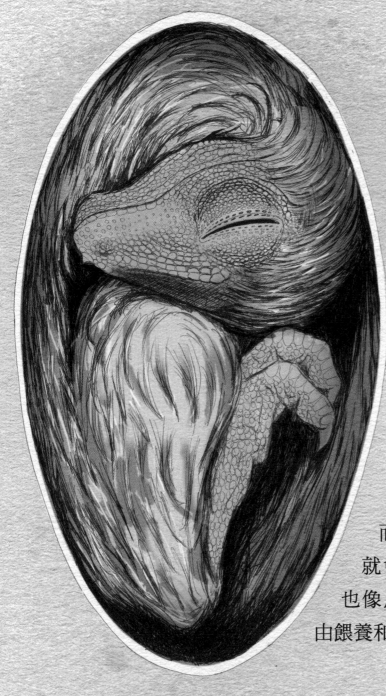

蛋中的獸腳類恐龍

物。今天，鳥類是獸腳類恐龍唯一留存的後代；所以，在你窗外飛行的小麻雀其實是暴龍（Tyrannosaurus，又名霸王龍）的遙遠表親。

一如鳥類，獸腳類恐龍出生自圓形或橢圓形的硬殼蛋。雛龍會用長在牠的鼻子上的一根小且硬、稱為「蛋齒」的東西破蛋而出。這根蛋齒在牠孵出後很快就會從鼻子上掉下來。而且，牠們也像鳥類一樣，有一些物種已知會藉由餵養和保護來照顧牠們的雛龍。

獸腳類恐龍也有不同的皮膚紋理和覆蓋物。一些身體覆蓋著細絲，稱為「原始羽毛」，一些有光滑和層疊鑲嵌細工的鱗片，其他則身體覆蓋羽毛，甚至有可完全運作的翅膀。

## 白堊紀早期的獸腳類恐龍

侏羅紀以後，如異特龍和蠻龍這一類的頂尖掠食者，已經被阿托卡高棘龍和撒哈拉鯊齒龍取代，演化出更大、更強壯的物種來填補食物鏈頂端的位置。當一些掠食者變得更大之時，新的物種例如有鐮刀形殺傷爪的猶他盜龍，也在白堊紀早期佔有一席之地。飛行的食肉猛龍繼續演化出像顧氏小盜龍的物種，牠使用在腿和前臂間形成的翼在樹林間飛翔和捕獲獵物。

有些獸腳類恐龍，為適應特定的獵物而演化變得獨一無二。例如，沃克氏重爪龍發展出帶著鉤爪的強壯且肌肉發達的臂膀，以及長的嘴喙部與錐形牙齒，這些特徵都是為了抓魚所設計。不是所有的適應都是關於狩獵；昆卡駝背龍在背上演化出奇怪的駝峰結構，是用作求偶時的誇耀展示，以吸引伴侶。這是地球歷史上一個令人驚豔的時期。在以下的頁面中，你將一種一種的詳細體驗到這些動物的所有細節，以及目擊白堊紀早期的獸腳類恐龍。

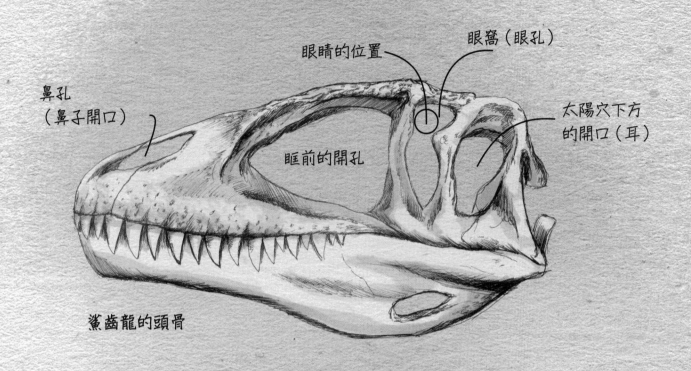

鼻孔
（鼻子開口）

眼睛的位置

眼窩（眼孔）

太陽穴下方
的開口（耳）

眶前的開孔

鯊齒龍的頭骨

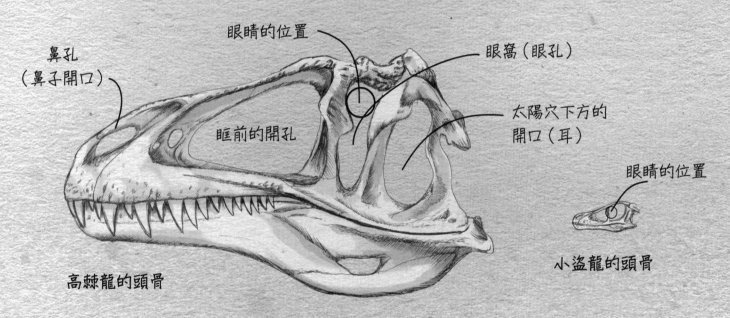

眼睛的位置

眼窩（眼孔）

鼻孔
（鼻子開口）

眶前的開孔

太陽穴下方的
開口（耳）

眼睛的位置

高棘龍的頭骨

小盜龍的頭骨

# 阿托卡高棘龍

## Acrocanthosaurus atokensis

（發音：Ah-crow-can-tho-sore-uss, ah-toe-ken-sis）

發現地點：美國奧克拉荷馬州、德克薩斯州和懷俄明州

科別：鯊齒龍科（Carcharodontosauridae）

身長：11 公尺

身高：4.5 公尺

體重：4.4 公噸

性情：獨來獨往，非常具侵略性

皮膚棘長在頭上

延長的背脊由背部到尾巴的
基部形成船帆似的隆起

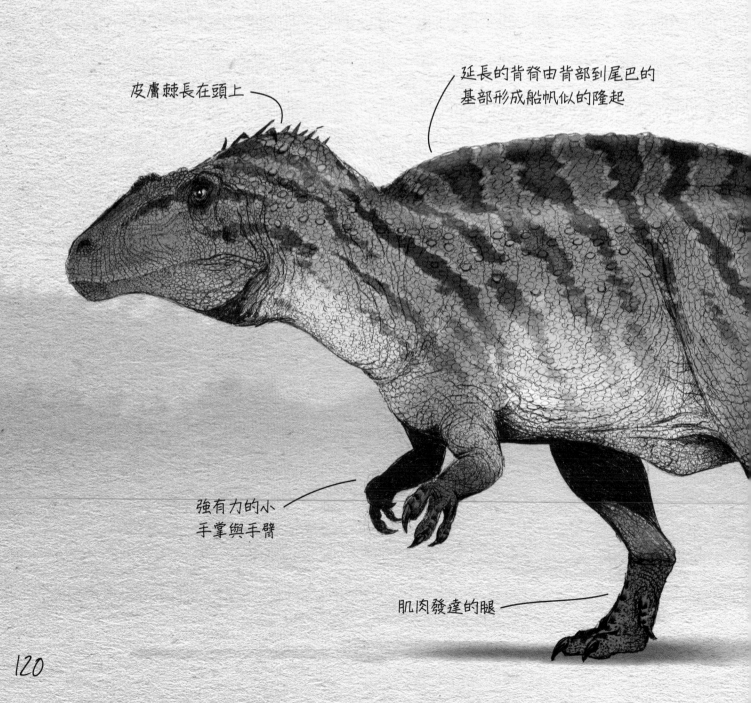

強有力的小
手掌與手臂

肌肉發達的腿

沿頭頂有兩個
不規則的冠

小眼睛

大鋸齒有部分
被唇部遮蓋

大顎肌肉

1.8 公尺

0.9 公尺

高棘龍在牠的領域範圍內是頂尖掠食者

大型的風帆狀突起橫跨背上

粗糙的鱗片
在整個背上
成行排列

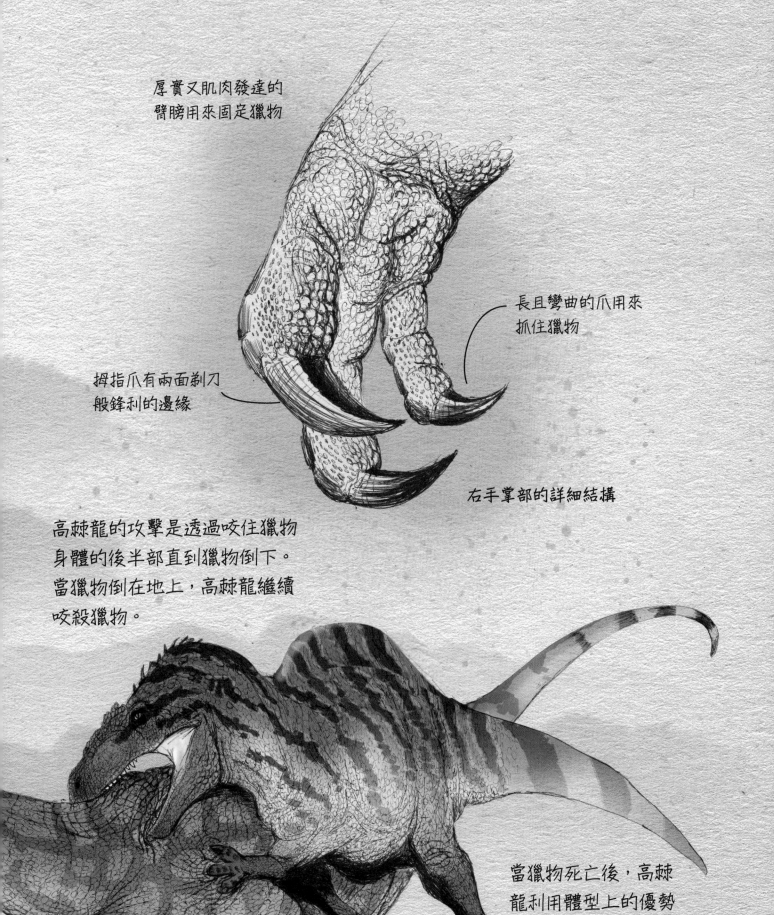

厚實又肌肉發達的
臂膀用來固定獵物

長且彎曲的爪用來
抓住獵物

拇指爪有兩面剃刀
般鋒利的邊緣

右手掌部的詳細結構

高棘龍的攻擊是透過咬住獵物
身體的後半部直到獵物倒下。
當獵物倒在地上,高棘龍繼續
咬殺獵物。

當獵物死亡後,高棘
龍利用體型上的優勢
來護衛牠這一餐。

# 沃克氏重爪龍 *Baryonyx walkeri*

（發音：Barry-on-x, walk-kerry）

**發現地點**：英格蘭東南部黏土層

**科別**：棘龍科（Spinosauridae）

**身長**：7.5 公尺

**身高**：2.1 公尺

**體重**：1.2 公噸

**性情**：獨來獨往，有領域性，侵略性

長脖子

發展良好的的肩部

前肢的巨大爪子

強而有力的臂

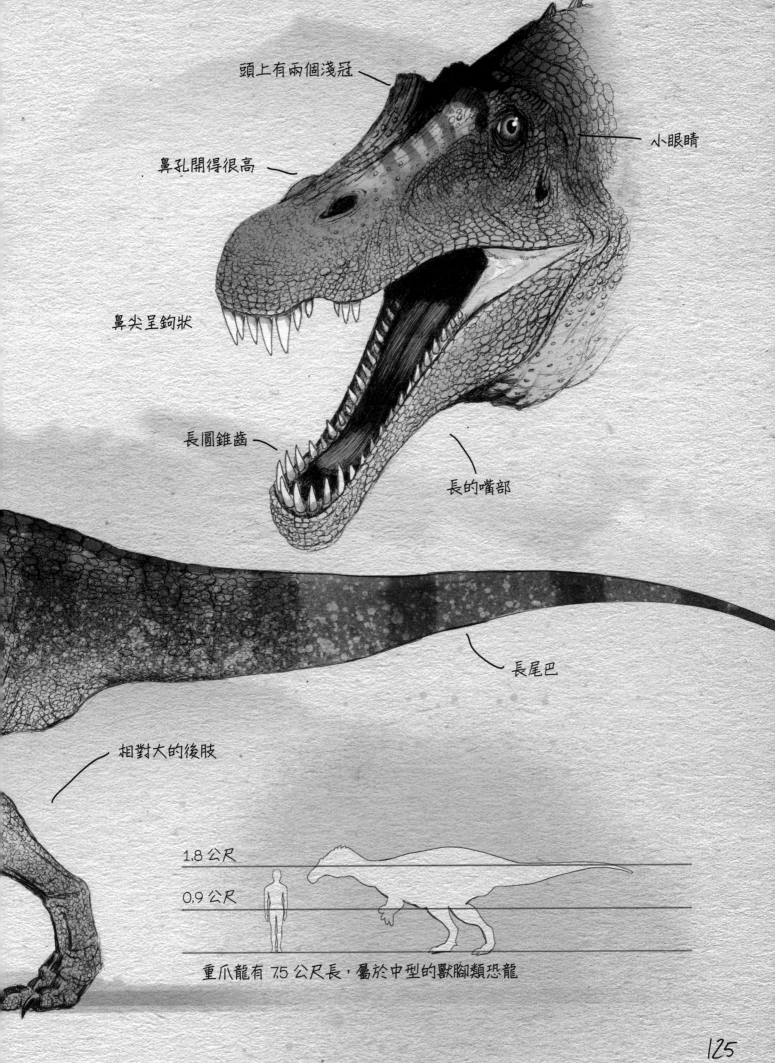

頭上有兩個淺冠

小眼睛

鼻孔開得很高

鼻尖呈鉤狀

長圓錐齒

長的嘴部

長尾巴

相對大的後肢

1.8 公尺

0.9 公尺

重爪龍有 7.5 公尺長，屬於中型的獸腳類恐龍

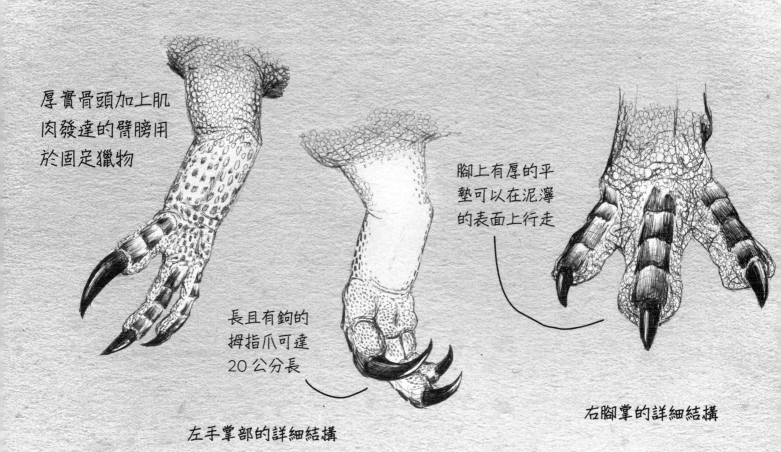

厚實骨頭加上肌肉發達的臂膀用於固定獵物

長且有鉤的拇指爪可達20公分長

左手掌部的詳細結構

腳上有厚的平墊可以在泥濘的表面上行走

右腳掌的詳細結構

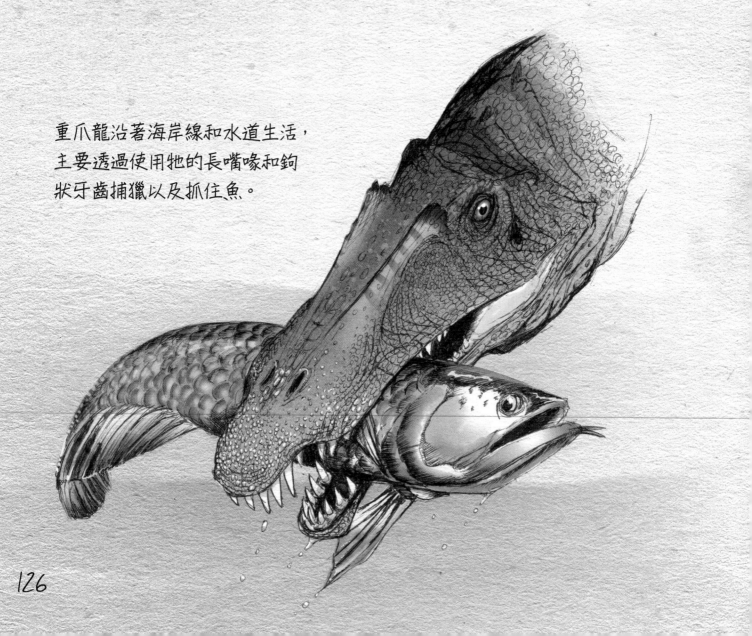

重爪龍沿著海岸線和水道生活，主要透過使用牠的長嘴喙和鉤狀牙齒捕獵以及抓住魚。

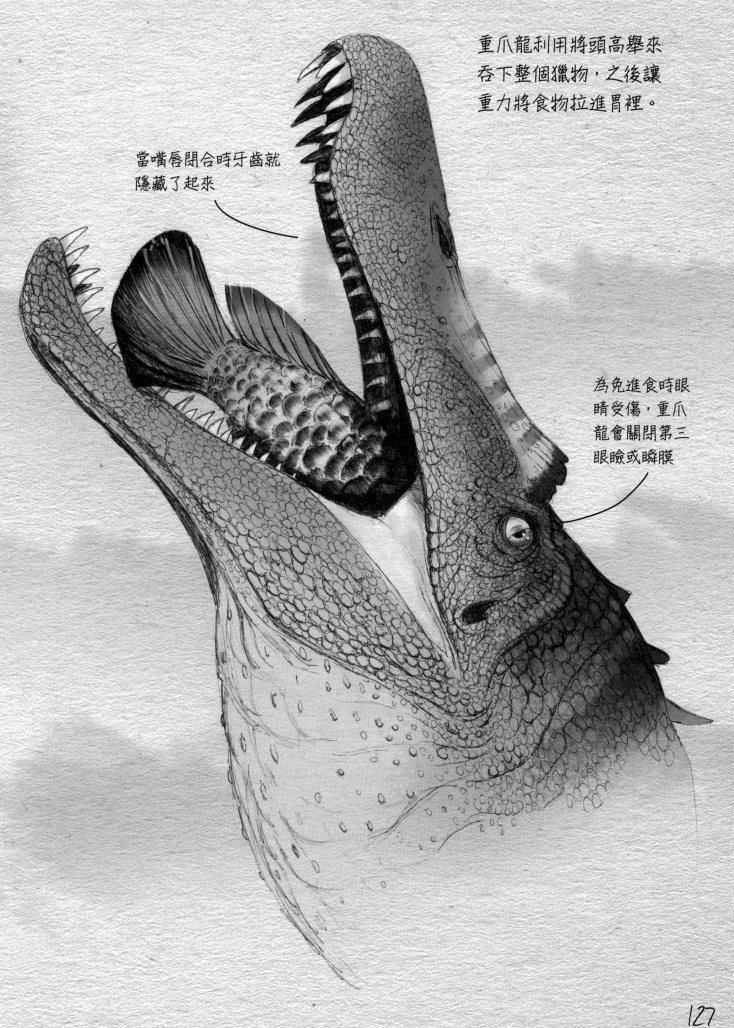

重爪龍利用將頭高舉來
吞下整個獵物，之後讓
重力將食物拉進胃裡。

當嘴唇閉合時牙齒就
隱藏了起來

為免進食時眼
睛受傷，重爪
龍會關閉第三
眼瞼或瞬膜

127

# 意外北票龍

## Beipiaosaurus inexpectus

（發音：Bay-pee-awo-sore-us, in-expec-tus）

**發現地點：**中國遼寧

**科別：**鐮刀龍超科（Therizinosauroidae）

**身長：**2.2 公尺

**身高：**1 公尺

**體重：**40 公斤

**性情：**生性謹慎怕生

硬的嘴尖用
於挖掘

長喙

頭上有羽冠

小牙齒

彎曲的頸

尾部包覆
著羽毛

1.8 公尺

0.9 公尺

北票龍跟食火雞一樣大

背部有長又明亮且發
出暈彩色澤的羽毛

大眼睛

三趾腳掌

右手掌部的詳細結構

長手指隱藏在
羽毛下

長又彎曲的爪主要
用於挖掘食物

翼羽

爪子收在羽翼下面

威嚇展示

嘴巴張開頭
往後縮

向外展翅與張爪
讓自己顯得更大隻

硬尾巴用來平衡

北票龍主要吃蟬蟟和小的洞
穴動物。牠用爪子挖掘腐木
或土壤,然後用牠的硬喙插
入洞裡將獵物拉出。

# 撒哈拉鯊齒龍
## Carcharodontosaurus Saharicus
（發音：Kar-kar-odon-toe-sore-us, sa-harr-e-cuss）

**發現地點**：非洲摩洛哥

**科別**：鯊齒龍科

**身長**：12 公尺

**身高**：4 公尺

**體重**：6 公噸

**性情**：極度侵略性，獨來獨往

頭部有表皮生長成的小冠

強有力的臂與爪

巨大的後肢

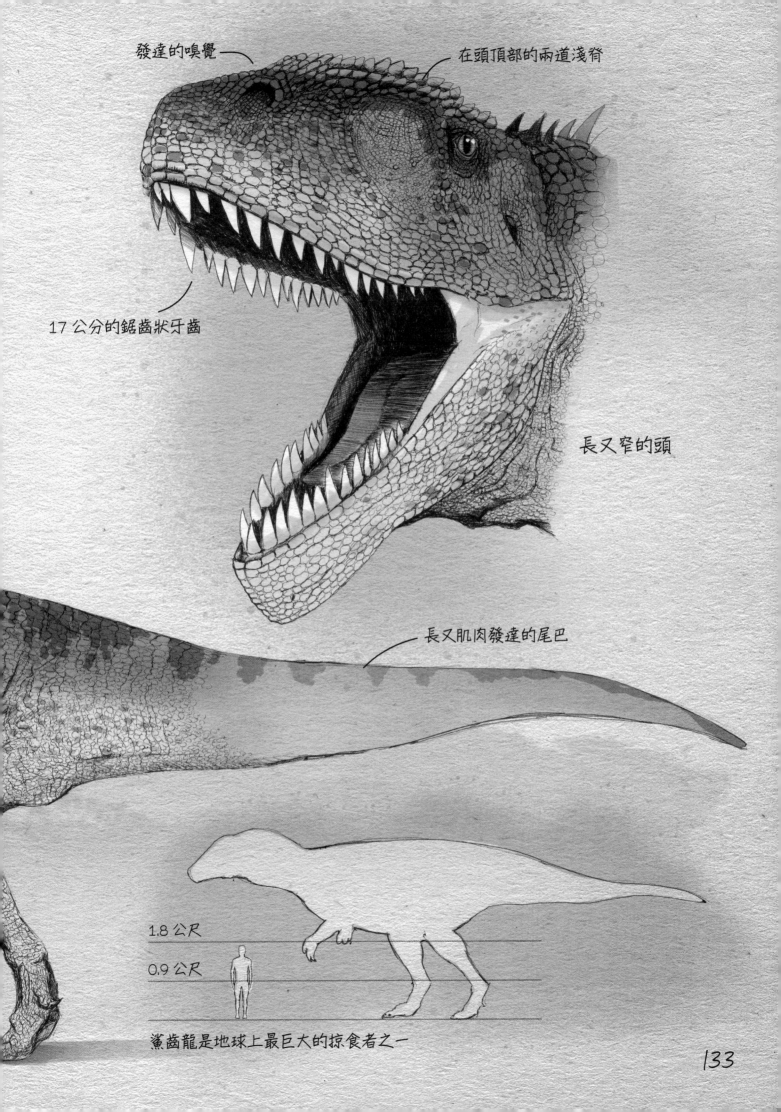

發達的嗅覺

在頭頂部的兩道淺脊

17 公分的鋸齒狀牙齒

長又窄的頭

長又肌肉發達的尾巴

1.8 公尺

0.9 公尺

鯊齒龍是地球上最巨大的掠食者之一

133

出生時身上有柔軟的羽毛覆蓋以保暖

明亮顏色的嘴巴可以讓親龍在
育雛時清楚地看見雛龍的嘴

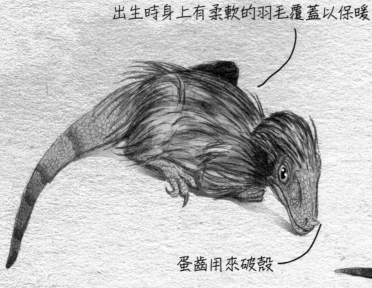

蛋齒用來破殼

鯊齒龍的雛龍

兩週大

羽毛與毛髮被鱗片取代

可以狩獵自己的獵物

可以跑很快的長腿

週歲大
大約 1.8 公尺長

鯊齒龍在牠的年代是
頂級的掠食者，完全
沒有競爭對手。

成年的鯊齒龍強壯
到可以捕獵比自己
體型大上兩倍的獵
物，或是搶奪其他
掠食者的獵物。

# 昆卡駝背龍 Concavenator corcovatus

（發音：Con-ka-vee-nay-tor, cor-ko-vay-tus）

發現地點：西班牙昆卡

科別：鯊齒龍科

身長：7.5 公尺

身高：2.74 公尺

體重：1.2 公噸

性情：有領域性，具侵略性

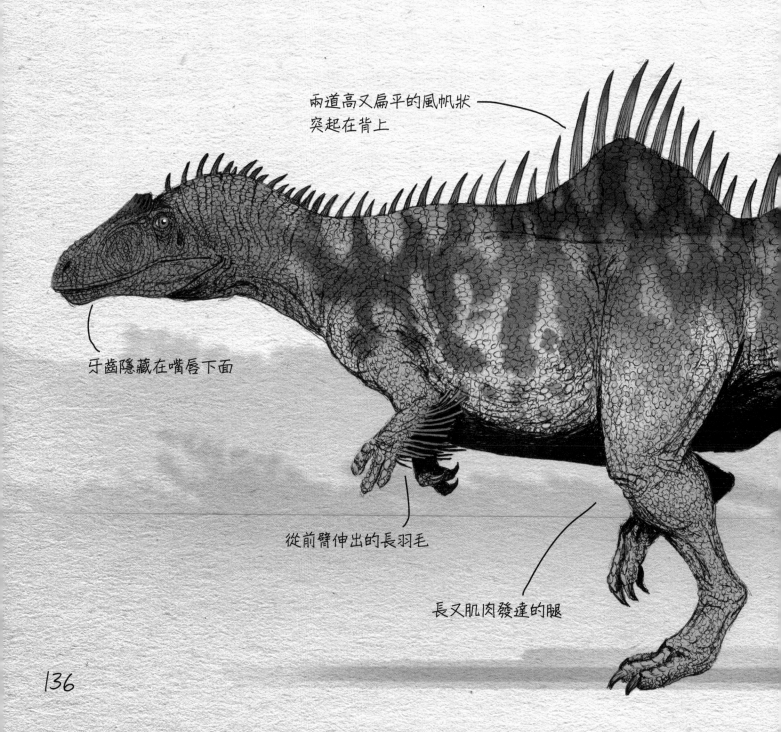

兩道高又扁平的風帆狀
突起在背上

牙齒隱藏在嘴唇下面

從前臂伸出的長羽毛

長又肌肉發達的腿

眼上方有兩個冠

鼻孔上方有一個低冠

大的下顎肌肉

大且呈鋸齒狀的牙齒

狹窄的下巴

沿著背部的長皮膚棘

1.8 公尺

0.9 公尺

昆卡駝背龍長 7.5 公尺，屬於中型的獸腳類恐龍

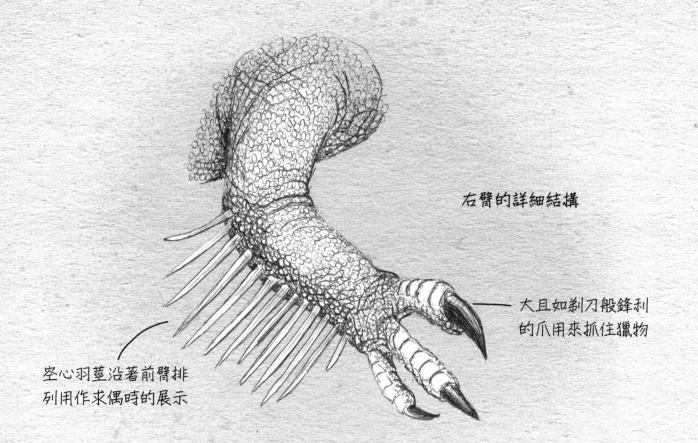

右臂的詳細結構

大且如剃刀般鋒利
的爪用來抓住獵物

空心羽莖沿著前臂排
列用作求偶時的展示

利用爆發的速度，
昆卡駝背龍以牠的臂
膀和嘴固定獵物。

多鋸似鵜鶘龍
（Pelecanimimus
polyodon）

當面對牠的獵物，昆卡駝背
龍展現出正面狹窄的輪廓。

# 顧氏小盜龍 Microraptor gui
（發音：My-crow-rap-tor, gee）

**發現地點**：中國遼寧

**科別**：馳龍科（Dromaeosauridae）

**身長**：0.7 公尺

**身高**：翼展寬 0.75 公尺

**體重**：0.6 公斤

**性情**：隱居，生性謹慎

大眼睛可在夜間以及光線
不足的條件下狩獵

小牙齒

小盜龍發出高音的呱呱叫聲，
警告其他小盜龍與牠的領域
保持距離。

0.9 公尺

小盜龍大約與老鷹一樣大

手掌部有三爪

小盜龍可以滑行一
段很長的距離，讓
牠可以不動聲色的
伏擊獵物。

腳上有大鐮
刀狀的爪

腿上的翅膀

尾部的詳細結構　　　　　尾巴上的明亮顏色是用作
　　　　　　　　　　　　吸引異性的求偶展示

身體有暈彩的藍黑色
羽毛覆蓋

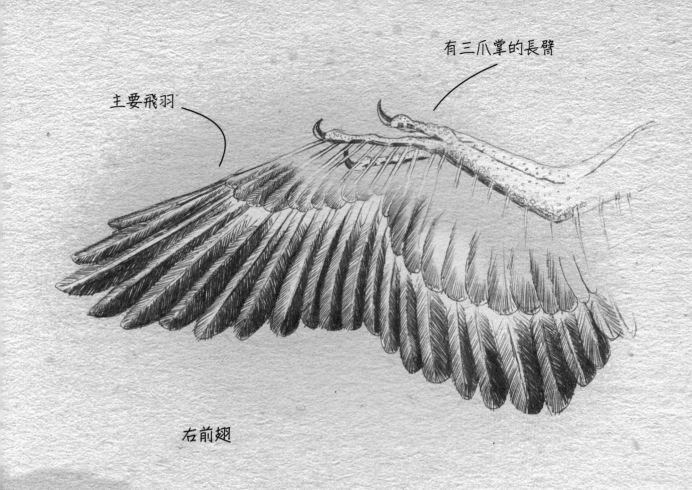

主要飛羽

有三爪掌的長臂

右前翅

長腿讓小盜龍能隨時彈跳飛上天空，避開掠食者。

小盜龍的主要武器是牠的爪

左後翅

# 薩姆奈特棒爪龍
## Scipionyx samniticus
（發音：She-pee-on-x, sam-ni-ti-cuss）

發現地點：義大利中部

科別：細顎龍科

身長：1.5 公尺

身高：0.5 公尺

體重：2.6 公斤

性情：生性害羞，難以捉摸

長又纖細的身體

長脖子

有鋒利爪子的三指掌

適合快跑的長腿

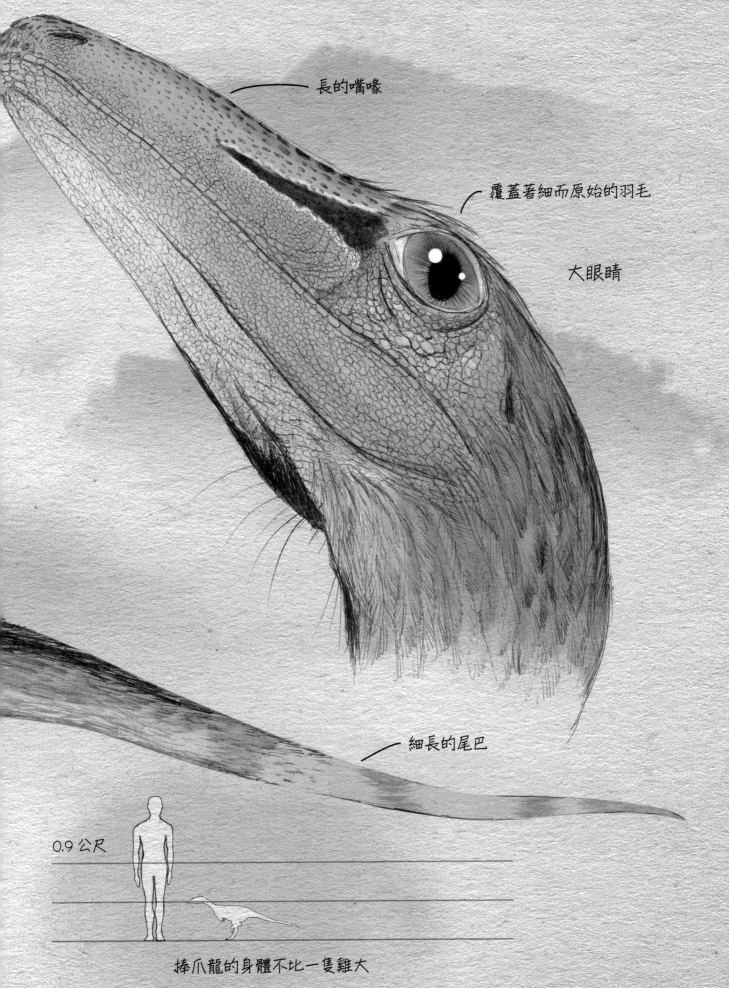

長的嘴喙

覆蓋著細而原始的羽毛

大眼睛

細長的尾巴

0.9 公尺

棒爪龍的身體不比一隻雞大

覆蓋著柔軟的羽毛

很大的眼睛

外耳開口

大而外露的牙齒

棒爪龍仔龍
大約一週大

一如現代鳥類，捧
爪龍會照顧仔龍，
直到牠們長大到可
以自給自足。

牠們的一餐包括
魚、昆蟲甚至小
爬蟲類動物。

捧爪龍仔龍
三日齡

# 奧斯特羅氏猶他盜龍

## Utahraptor ostrommaysorum

（發音：You-taw-rap-tor, ah-strom-ay-sore-um）

發現地點：美國猶他州

科別：馳龍科

身長：5.5 公尺

身高：2.1 公尺

體重：272 公斤

性情：極度侵略性

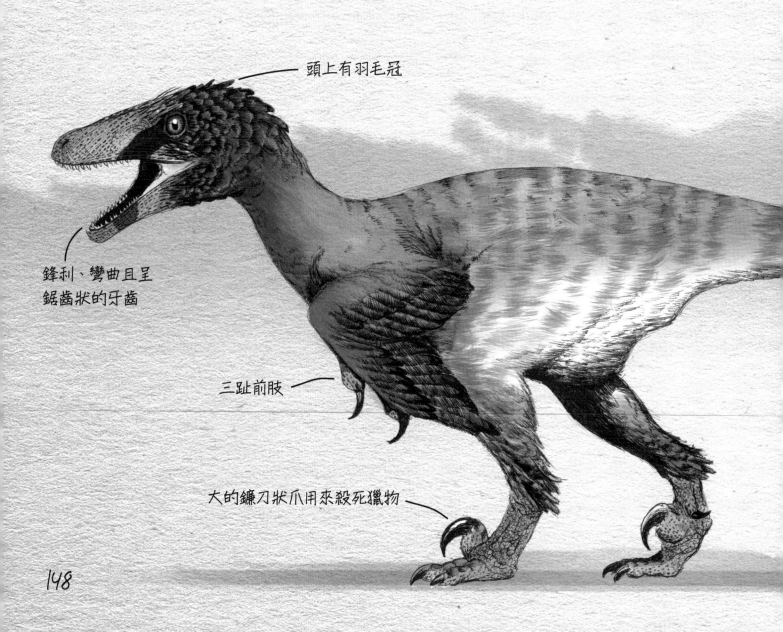

頭上有羽毛冠

鋒利、彎曲且呈
鋸齒狀的牙齒

三趾前肢

大的鐮刀狀爪用來殺死獵物

大且向前的眼睛

全身覆蓋羽毛

隱藏在嘴唇後的牙齒

長又硬的尾巴

尾端有展示用的羽毛

1.8 公尺

0.9 公尺

猶他盜龍是已知最大的盜龍

翼羽下是一個
致命的武器

三爪掌專為抓握
獵物而設計

猫他盜龍右翅的詳細結構

一群猫他盜龍
狩獵一隻禽龍
（Iguanadon）

猫他盗龍成群一起狩獵

藉由從群體裡面孤立隔
離出一隻，猫他盗龍使
用牠的速度和武器制伏
比自己重得多的獵物。

猫他盗龍僵硬的尾
巴可以作為平衡器
將體重從一側轉移
到另一側

猫他盗龍的大獵殺爪總
是保持在直立向上位置
以防止磨損

猫他盗龍左腳的詳細結構

牠的短翼是用來
保持平衡的

# 華麗羽暴龍 Yutyrannus hauli

（發音：You-tee-ran-us, hual-ee）

發現地點：中國遼寧

科別：暴龍超科（Tyrannosauroidea）

身長：9 公尺

身高：3 公尺

體重：2.5 公噸

性情：侵略性，有領域性，高度群居性

類似羽毛的毛皮覆蓋其整個身體，包括尾巴

有大爪且肌肉發達的
臂膀是用來抓獵物的

強而有力的腿

骨質的冠蓋著
頭頂

兩隻角

大且呈鋸齒狀
的牙齒

長又纖細的尾巴

1.8 公尺

0.9 公尺

羽暴龍從頭到尾有 9 公尺長

羽暴龍成群一起狩獵（有時
狩獵行動會有年輕的羽暴
龍參與）

抓到獵物後，獵物會移到安
全的地方食用。

羽暴龍左腳的詳細結構

為了保護牠們自己免受寒冷的天氣之苦,羽暴龍會擠在一起保持體溫。

成年羽暴龍

仔龍(七歲大)

羽暴龍左手掌部的詳細結構

155

# 蜥腳類恐龍

## The Sauropods（發音：Sore-uh-pods）

當你走過白堊紀早期的風景，你發現自己在周圍是樹林的一大片寬廣的空地附近。一個乾枯的湖床就在你前面。你抬起頭往上看，並注意到你的身高只到某隻動物的腳踝，那隻動物與一棟建築物一樣高，和鯨魚一樣寬！那巨獸的腳一落地，大地就震一下。在你周圍有幾百隻這樣的動物正在尋找食物，一大群一起走進眼前的景色。牠們的大脖子隨著每一步伐慢慢地向前搖擺。你感覺到腳下的土地不斷地震動隆起，以及聽到此起彼落的動物叫聲，像是長號一樣的響亮，彷彿在宣告牠們的到來。你正處於真正的巨獸之中，地球有史以來在陸上行走的最大動物——蜥腳類恐龍。

蜥腳類恐龍是一群屬於蜥臀目的特別恐龍，命名源自像蜥蜴一樣結構的臀部。蜥腳 sauropod 的希臘文意思是「有蜥蜴腳的」（lizard-footed），1878年古生物學家奧斯內爾・查爾斯・馬許（Othniel Charles Marsh）發現蜥腳類恐龍的大腳與腿的化石，就以這個名字命名這一類的恐龍。牠們的長頸與鞭狀的尾巴是最容易識別的特徵。牠們都以四腳站立，一些長度超過 30 公尺重達 50 公噸。（比任何曾經出現，包括藍鯨在內的所有動物都還要長！）第一隻蜥腳類恐龍出現在三疊紀晚期。

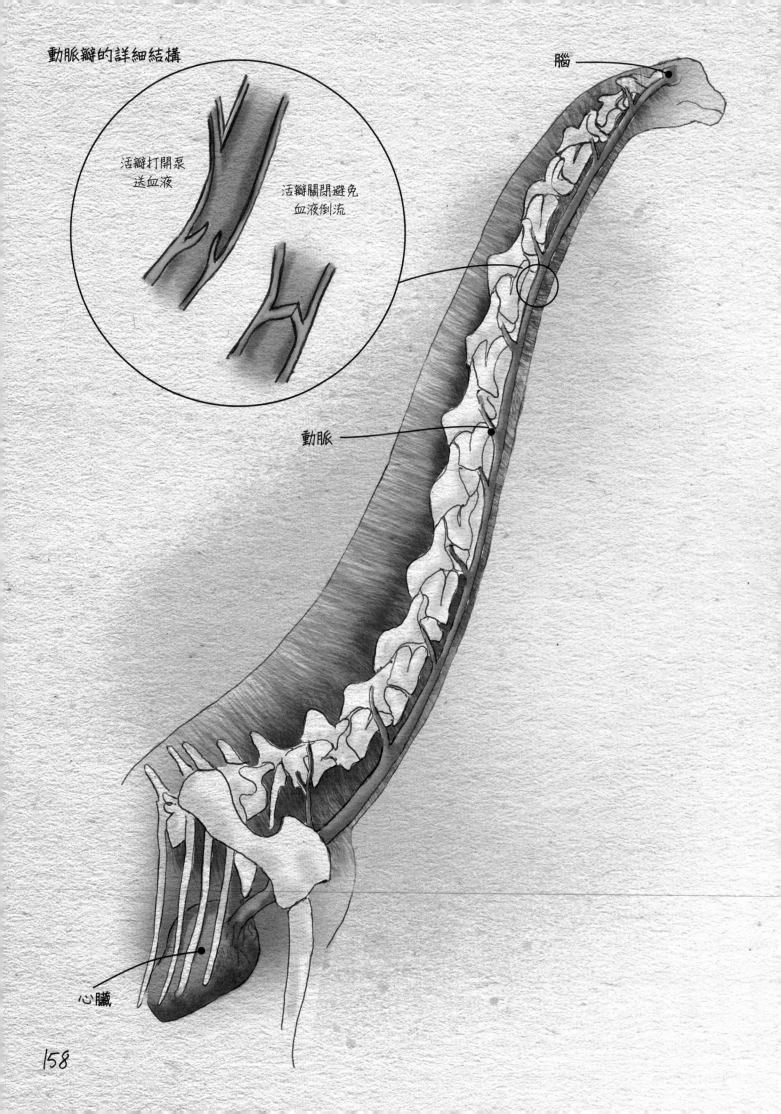

動脈瓣的詳細結構

活瓣打開泵
送血液

活瓣關閉避免
血液倒流

腦

動脈

心臟

牠的後代興旺到恐龍時代結束，大約 1 億 5000 萬年——截至目前為止歷史上最成功的食草動物群。蜥腳類恐龍由侏羅紀晚期開始，就有雷霆萬鈞的一大群腕龍、梁龍和其他巨大的物種，充斥在一望無際的景觀之中。牠們主宰著土地，這是一個巨獸的時代。蜥腳類恐龍在整個白堊紀早期繼續演化成不同的種類，帶給我們一些曾經存在過最大和最迷人的動物。相較於牠們的脖子和尾巴，蜥腳類恐龍的身體顯得比較短。牠們的腿厚實、堅固又強壯，類似象腿。

牠們透過骨幹中的高脊椎來支撐巨大的脖子和尾巴的重量，作用就像一座懸索橋，讓頸部和尾巴在身體固定時也能獨立擺動。有些尾巴跟身體與脖子加起來一樣長，牠們會使用尾巴作為不斷搖擺的巨大鞭子，保護後半身不受攻擊。有些脖子直立起有 21 公尺，與一棟七層樓建築物一樣高。為了將血液泵送到頭部，蜥腳類恐龍發展出一顆超大心臟再加上血管與瓣膜的網路，來防止因重力而倒流的血液，這樣才能讓牠們無論在抬頭啃食樹梢或是低頭飲用地上的水時都能維持血壓。

相較於巨大的體型與重量，蜥腳類恐龍的腦袋顯得相當小。一顆不比網球大的腦袋要控制如此巨大的身軀，所以牠們只能以緩慢的步態在樹與樹之間移動尋找食物。然而，不是所有的蜥腳類恐龍都像鯨魚一樣大；有些只有 9~12 公尺長，不與巨獸競爭體型大小，而以中等體型佔據演化上的利基。

蜥腳類恐龍的顱骨為減輕重量，鼻開孔變得很後面，在接近眼睛的地方。蜥腳類恐龍通常在頭骨前緣襯有小牙齒，用於將樹葉剁離樹枝或切斷蘇鐵、蕨類的葉子與莖。大多數較高的物種會吃高聳杉木的針葉和松果。因為沒有更大的牙齒用於咀嚼，所以所有植物食材都是直接吞嚥並沉積到牠們巨大的胃中，牠們大多會吞嚥小石頭或胃石來研磨胃內的植物。

## 白堊紀早期的蜥腳類恐龍

在整個侏羅紀時期，許多物種變得更大，大到超過獵捕牠們的掠食者。牠們變得大到一隻成年的蜥腳類恐龍沒有已知的敵人！沒有動物能夠承受重達 80~100 公噸的健康蜥腳類恐龍的力量，所以大小是該物種的生存手段。這在白堊紀早期也是明顯的，像阿根廷龍和波塞東龍就是兩種曾經出現最大的蜥腳類恐龍。牠們的巨大簡直難以想像，卻出生於直徑小於 20 公分的蛋（約排球大小）。

新生的蜥腳類恐龍小到可以捧在你的雙手上，不過長大成年後會是剛孵出時的成千上萬倍，這與今天地球上的任何動物都不同。（想像一下，就如同一隻大象從雞蛋裡孵出來！）

牠們的大小令人印象深刻，正是這種與別人不同的適應結果，使蜥腳類恐龍在白堊紀早期變得如此獨一無二。像尼日龍這樣的動物就發展出一個有扁平嘴的奇怪頭骨，專為平行於地面採食所設計，讓牠每一口咬下的食物量可以達到最大。牠的嘴前面有 500 顆細齒，

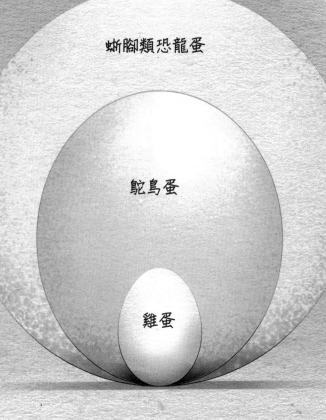

蜥腳類恐龍蛋

鴕鳥蛋

雞蛋

每一顆都有相對的牙齒上下交錯，像一把大剪刀，每一口咬合都能迅速切割蕨類植物和蘇鐵。阿馬加龍的長相同樣奇怪：牠發展出一個有長刺從其頸椎突出的大冠脊，作為威懾對牠不懷好意的掠食者以及交配時吸引伴侶之用。

在接下來的頁面中，我們將看看白堊紀早期的蜥腳類恐龍如何變得多樣化。你會近距離地仔細檢視這些非凡的動物，看到牠們令人印象深刻的體型和迷人的適應能力。

# 卡氏阿馬加龍
## Amargasaurus cazaui
（發音：Ah-mahr-ga-sore-us, kaz-aw-ee）

發現地點：阿根廷阿馬加鎮

科別：叉龍科（Dicraeosauridae）

身長：15 公尺

身高：2.5 公尺

體重：6 公噸

性情：群居性，隱居

沿著頸部有由脊椎延伸而來的尖銳長釘

相對短的脖子

厚實堅固的腿

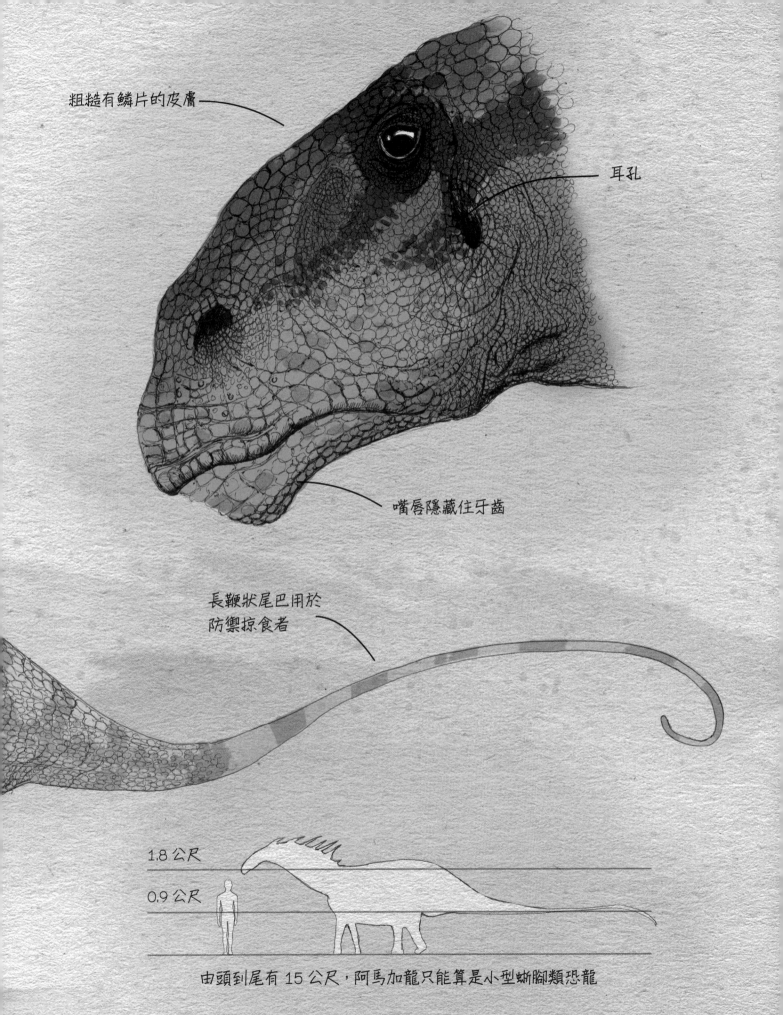

粗糙有鱗片的皮膚

耳孔

嘴唇隱藏住牙齒

長鞭狀尾巴用於
防禦掠食者

粗糙有鱗片的皮膚

1.8 公尺

0.9 公尺

由頭到尾有 15 公尺，阿馬加龍只能算是小型蜥腳類恐龍

進食時，當頸部下拉，
脊椎向上突出的長釘
就形成保護

長釘之間五顏
六色的膜

受到威脅時會將頭部降低
並來回擺動頸部

164

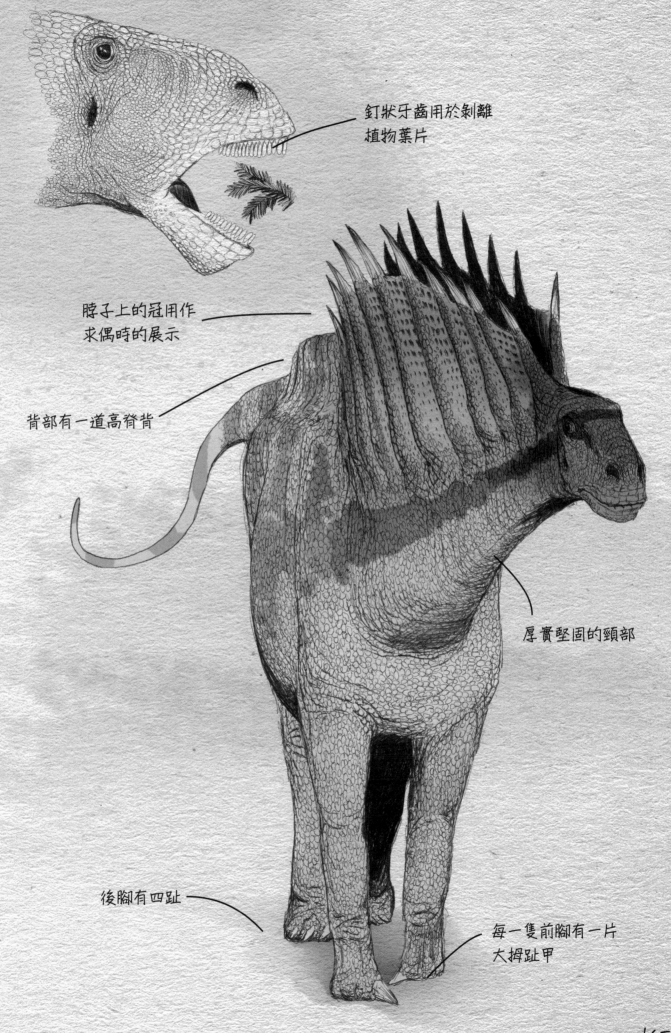

釘狀牙齒用於剝離
植物葉片

脖子上的冠用作
求偶時的展示

背部有一道高脊背

厚實堅固的頸部

後腳有四趾

每一隻前腳有一片
大拇趾甲

# 烏因庫爾阿根廷龍
## Argentinosaurus huinculensis
（發音：Are-jen-tee-no-sore-us, june-kull-en-sis）

長長的頭

長又靈活的頸部

較長的前肢

阿根廷龍是地球上出現過
最大的動物

**發現地點**：阿根廷烏因庫爾

**科別**：南極龍科（Antarctosauridae）

**身長**：30 公尺

**身高**：20 公尺

**體重**：超過 50 公噸

**性情**：群居性，移動緩慢

1.8 公尺

0.9 公尺

166

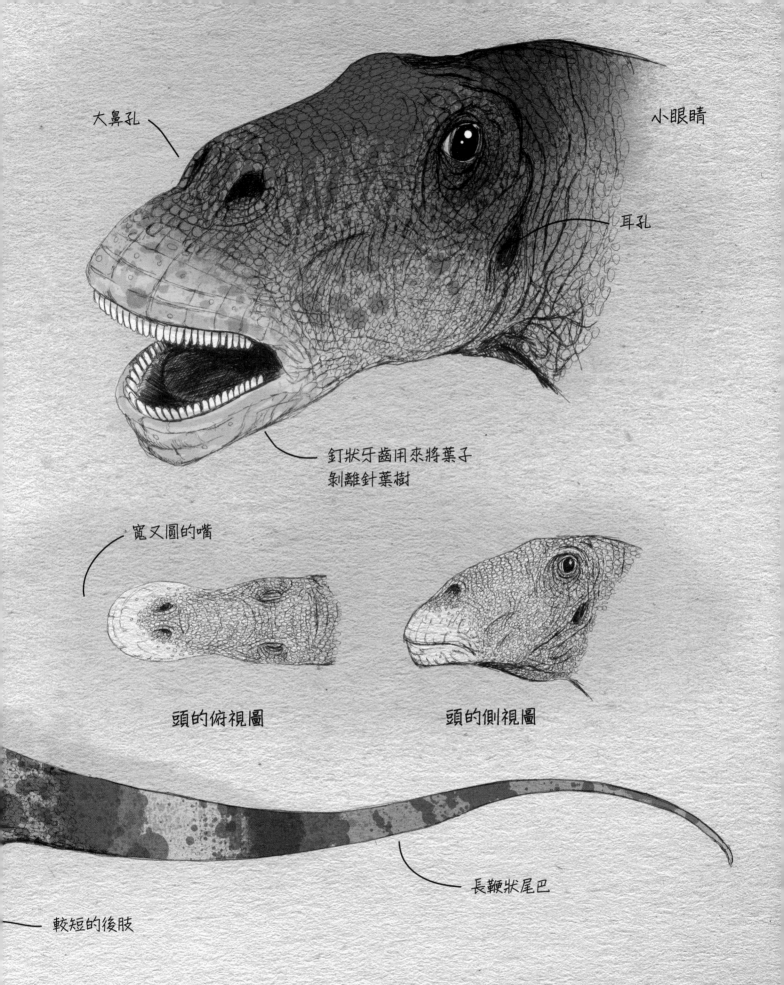

大鼻孔

小眼睛

耳孔

釘狀牙齒用來將葉子
剝離針葉樹

寬又圓的嘴

頭的俯視圖

頭的側視圖

長鞭狀尾巴

較短的後肢

167

進食時,脖子能夠伸到高大
樹木上也能到達地面。

阿根廷龍主要吃針葉樹
的針葉與松果

一根長而靈活的尾巴可以
向各個方向鞭打，這樣掠食
者就不可能從後面攻擊。

後腳上有三根大
而彎曲的腳趾

前腳沒有趾甲

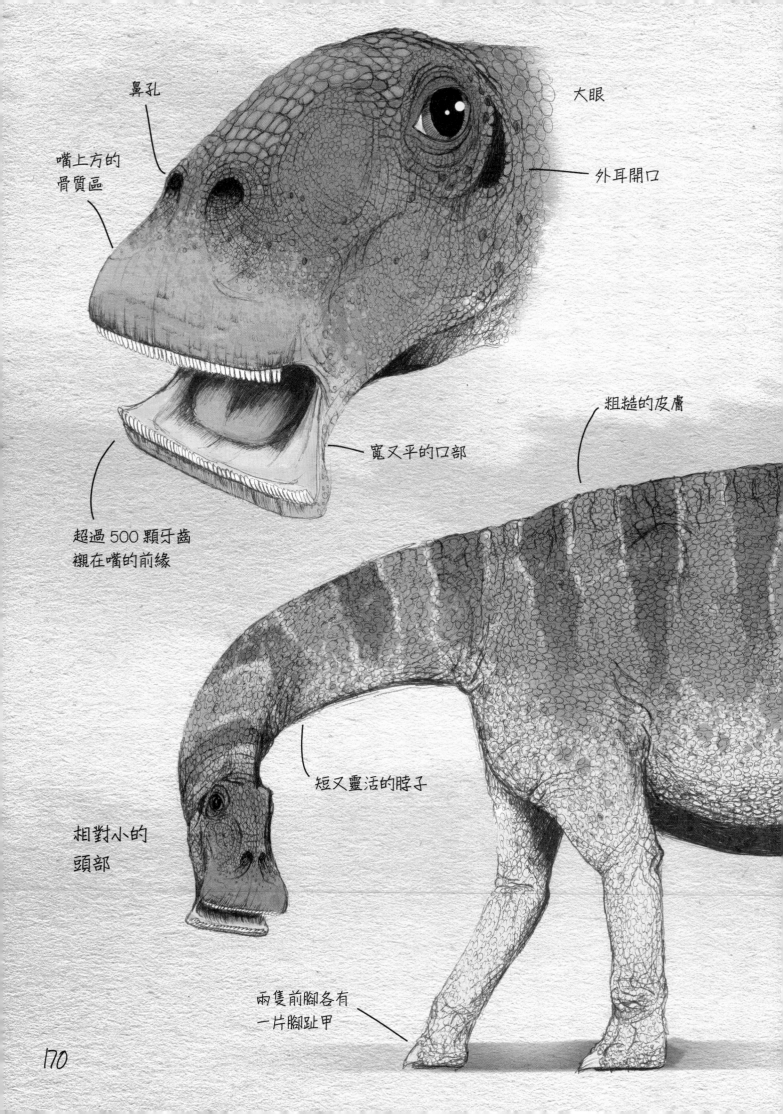

鼻孔

嘴上方的
骨質區

大眼

外耳開口

粗糙的皮膚

寬又平的口部

超過 500 顆牙齒
襯在嘴的前緣

短又靈活的脖子

相對小的
頭部

兩隻前腳各有
一片腳趾甲

# 塔氏尼日龍 Nigersaurus taqueti
（發音：Knee-ja-sore-us, ta-ket-tee）

發現地點：尼日共和國加杜法瓦

科別：雷巴齊斯龍科（Rebbachisauridae）

身長：9 公尺

身高：2.2 公尺

體重：2 公噸

性情：獨居，生性害羞

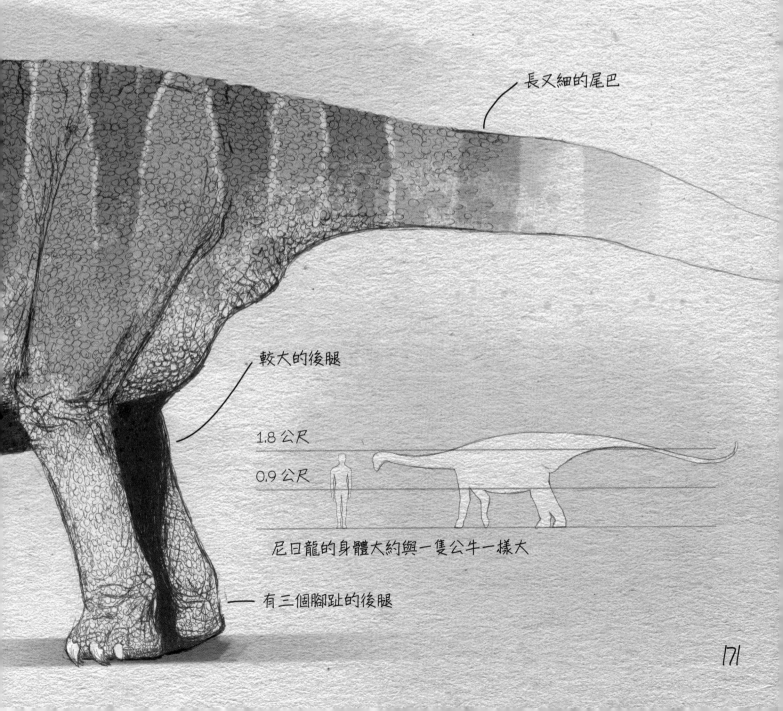

長又細的尾巴

較大的後腿

1.8 公尺

0.9 公尺

尼日龍的身體大約與一隻公牛一樣大

有三個腳趾的後腿

長又細的鞭狀尾巴
作為防禦的工具，
可保護後半身

尼日龍受到威脅時會用
後腳站立起來

前肢用來自我防禦

較小的頭骨
且面朝下

上下顎的牙齒交錯，
像剪刀一樣作用。
磨損的牙齒不斷有
新牙齒代替

每次的啃咬直接
剪切植物，只留
下殘莖

尼日龍主要吃馬尾草植物和蕨類

# 普羅特雷斯波塞東龍

## Sauroposeidon proteles

（發音：Sore-o-poe-side-un, pro-tell-ease）

發現地點：美國奧克拉荷馬州

科別：腕龍科

身長：27 公尺

身高：18 公尺

體重：40 公噸

性情：群居性，領域性

圓頂型頭結構

長的皮膚棘

大鼻孔

外耳開口

嘴唇隱藏住牙齒

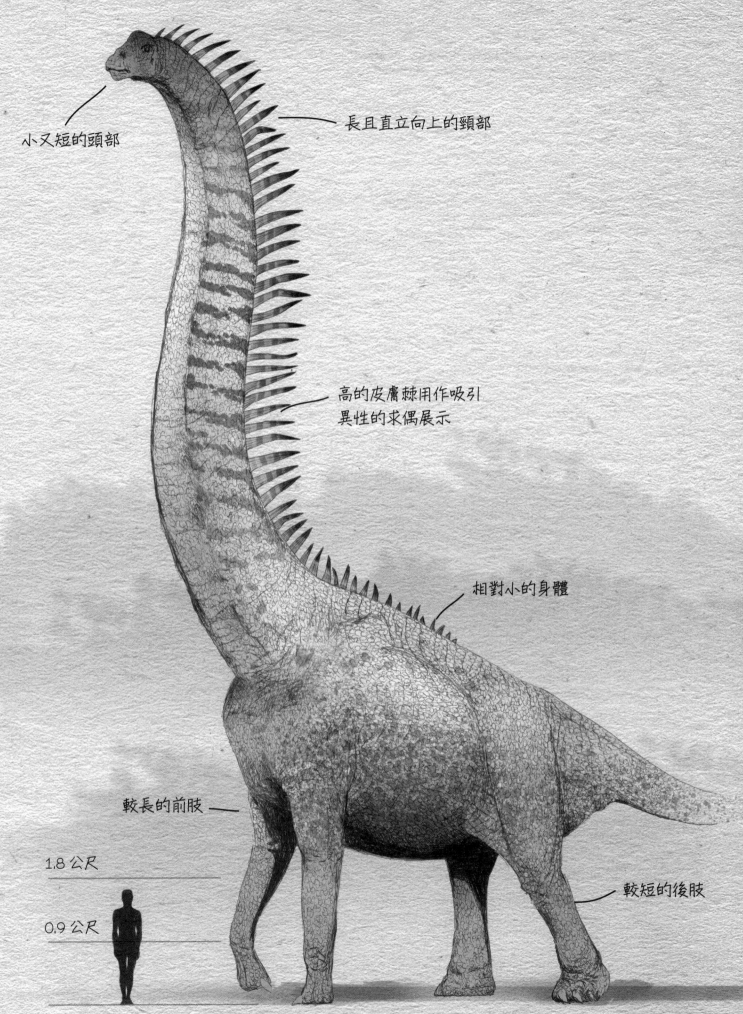

小又短的頭部

長且直立向上的頸部

高的皮膚棘用作吸引
異性的求偶展示

相對小的身體

較長的前肢

較短的後肢

1.8 公尺

0.9 公尺

波塞東龍是陸行動物中高度數一數二的，幾乎比任何動物都高

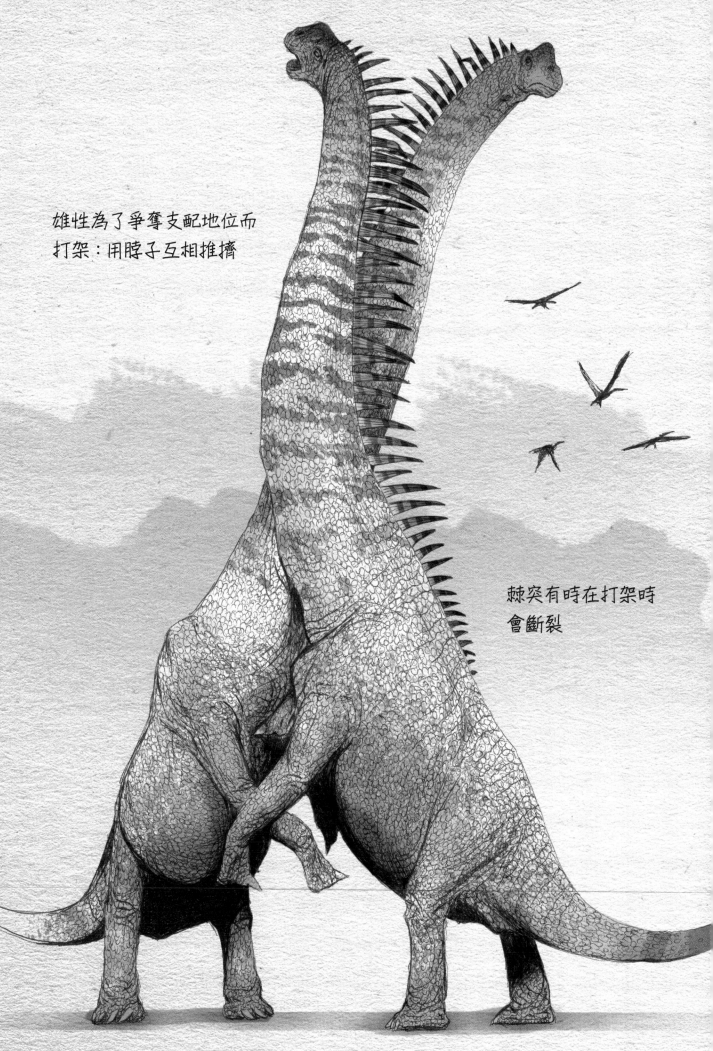

雄性為了爭奪支配地位而
打架：用脖子互相推擠

棘突有時在打架時
會斷裂

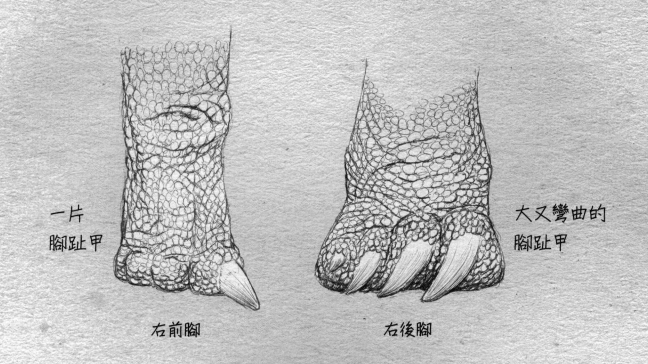

一片
腳趾甲

大又彎曲的
腳趾甲

右前腳

右後腳

張嘴吃針葉樹枝

閉嘴夾住樹枝
然後往後拉扯
將之折斷

未咀嚼就整個
吞下

眼睛閉起避免受到
樹枝的傷害

波塞東龍覓食

# 鳥臀類恐龍
## The Ornithischians（發音：Ore-ni-thisk-key-ahns）

你凝視著白堊紀早期景觀，在你面前看到遠處的高針葉樹與蕨類植物和蘇鐵植物。天氣悶熱難耐，空中充滿昆蟲飛舞和鳥類飛翔的聲音。遠處的風景點綴著一群一群的大型動物，大約有如大象大小，走得很慢，然後暫時停下步伐覓食。

一如現今的羚羊，牠們輪流抬起頭，注意潛在的危險。牠們不受打擾地繼續牠們的旅程，沒多久有幾隻披著背甲的動物加入牠們的行列。牠們貼近地面，不過還是很大隻，全都注視著腳下的植物。正如我們預期的，這安詳的景象在白堊紀不會維持很長的時間。所有的動物忽地變得不安，有些開始聚成一大群並發出噪音。因為有六隻一群的獸腳類恐龍正開始狩獵牠們。這一群獸腳類恐龍身在一處開闊寬敞的平原，所有的草食恐龍群都能

1.8 公尺

0.9 公尺

看見牠們。這群草食恐龍緊密地聚集在一起，行動齊一就像同一隻動物一樣。獸腳類恐龍開始挑釁，希望能將牠們衝散，不過牠們還是聚集在一起，毫無機會的獸腳類恐龍只能放棄這次的攻擊。最後，食草類恐龍繼續吃草，草原再度回復平靜。這是白堊紀早期典型的一天，身為大型的獵物，鳥臀類恐龍的一天想必就是像這樣過的。

鳥臀類恐龍的原文 Ornithischians，字義就是「有鳥類一般臀部的」，是一群非常多樣的草食性恐龍，牠們的特徵就是臀部的構造以及喙部在上下顎前面。牠們有許多不同的外型——由像牛與鴨嘴動物混種的大動物，到長得像鸚鵡一樣的小蜥蜴再到重裝甲武裝的移動堡壘。因為如此多樣，鳥臀類恐龍可以再細分成三小群：裝甲類恐龍（thyreophorans）包含有裝甲的

恐龍，異齒龍類（heterodontosaurus）包含有角以及有飾邊的恐龍，鳥足類（ornithopods）則包含有鴨嘴的恐龍。

第一隻鳥臀類恐龍在三疊紀晚期演化出來並繼續茁壯成長直到中生代結束，牠們是最成功的草食性恐龍之一。所有的鳥臀類恐龍都有用於剪切和切割植物的硬喙，而大多數的顎有內襯緊密排列的葉狀齒，用於磨碎植物食材。許多這一類的物種是只用四足行動的；有些則有能力輕易地轉換姿勢，用四足移動也可以用兩足站立或奔跑。

## 白堊紀早期的鳥臀類恐龍

白堊紀早期這個時代對於鳥臀類恐龍來說是個短暫時期，我們看到諸如貝尼薩爾禽龍這樣的物種出現，牠們散佈在許多板塊大陸上。這些都是將來很快會變成鴨嘴龍的遠古祖先。白堊紀晚期看到了鴨嘴龍家族的興起，因為牠們蓬勃發展成一系列物種，有些具有空心的冠峰以及裝飾性的奇特發育，其他則體型變得越來越大。

白堊紀早期對角龍（ceratopsians）來說也是一個轉捩點。像數量很多的鸚鵡嘴龍類的物種正持續演化，牠們是具有大角的恐龍——三角龍——的祖先。

本章節探討鳥臀類恐龍的多樣性，介紹三個次群中具有定義時代的代表性關鍵物種。

緊密排列的牙齒用
於研磨植物食材

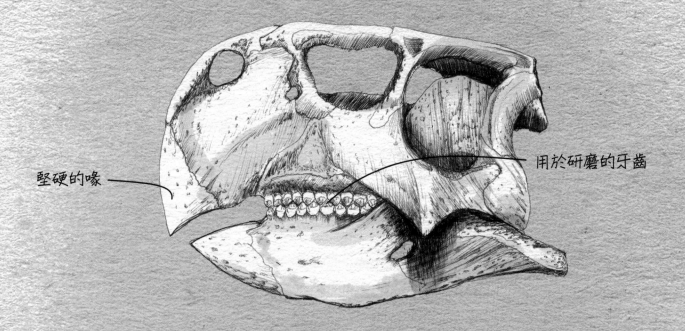

堅硬的喙

用於研磨的牙齒

鸚鵡嘴龍的頭骨

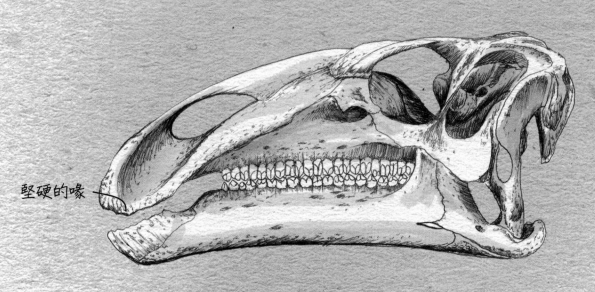

堅硬的喙

貝尼薩爾禽龍的頭骨

# 伯氏加斯頓龍 Gastonia burgei
（發音：Gass-toe-ni-ah, burr-gee）

發現地點：美國猶他州

科別：結節龍科

身長：5 公尺

身高：1.3 公尺

體重：1.9 公噸

性情：侵略性，獨來獨往

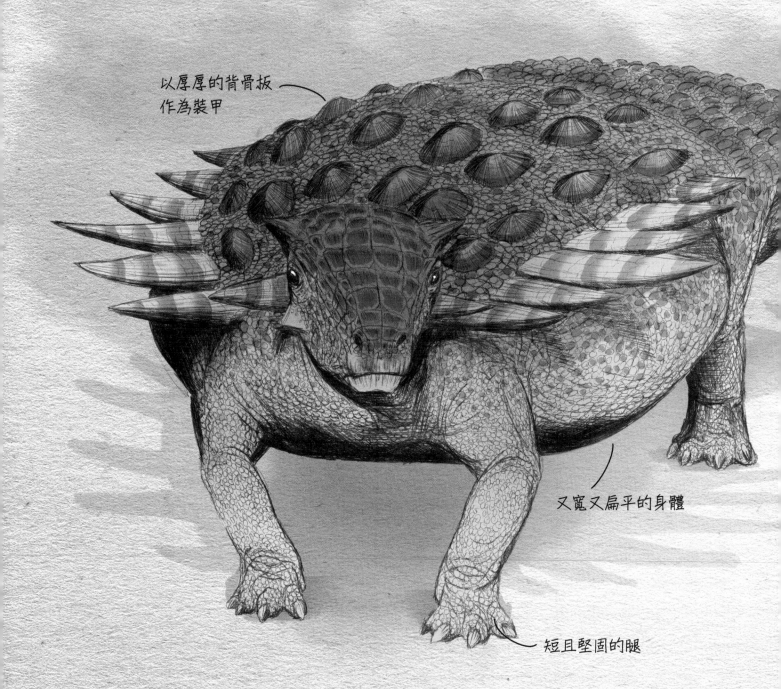

以厚厚的背骨板
作為裝甲

又寬又扁平的身體

短且堅固的腿

1.8 公尺

0.9 公尺

加斯頓龍跟犀牛一樣重

靈活的尾巴以及沿著身體邊緣的甲釘

眼與臉頰後方
有凸出的小角

頭頂有厚的裝甲板

寬又彎曲的喙用來
剪切植物

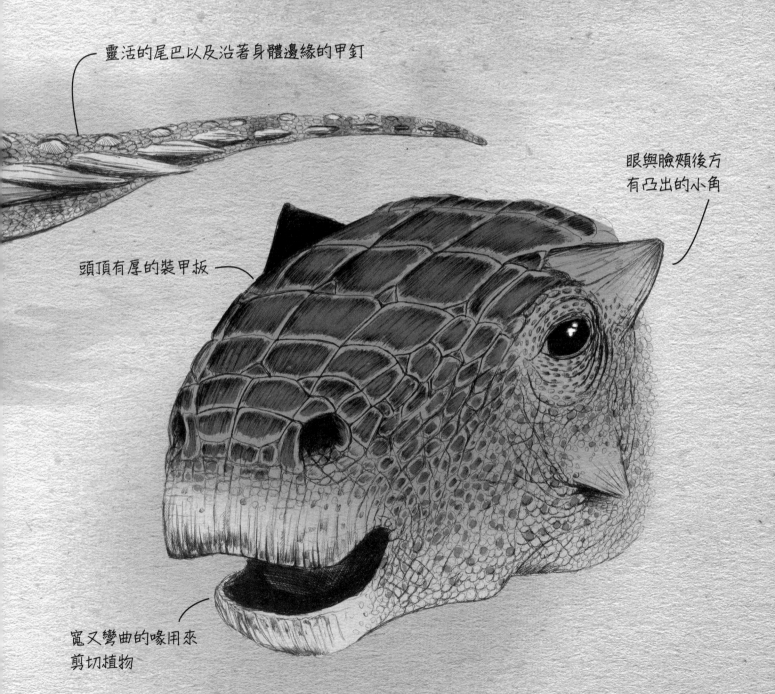

加斯頓龍的主要防守
武器是尾巴

加斯頓龍的尾巴非常
靈活有力，可以像斧
頭一樣反擊攻擊者。

當尾巴左右甩動時，
尾釘相互契合

厚實的骨板提供保護
免受掠食者攻擊

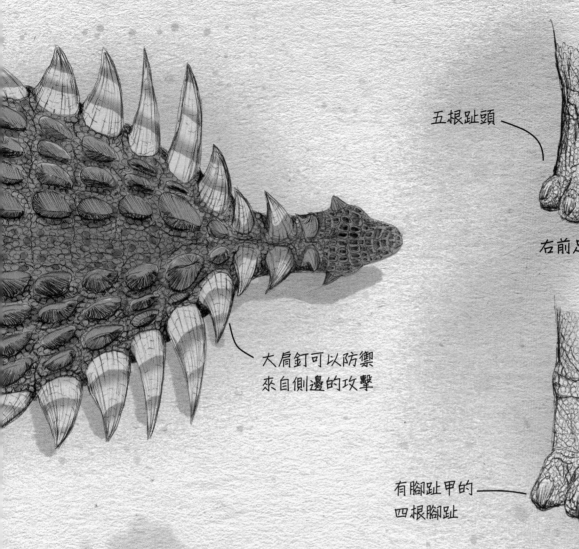

五根趾頭

右前足的詳細結構

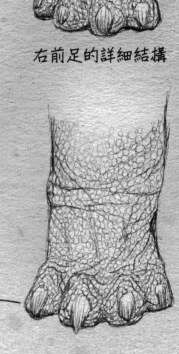

有腳趾甲的
四根腳趾

右後腳的詳細結構

大肩釘可以防禦
來自側邊的攻擊

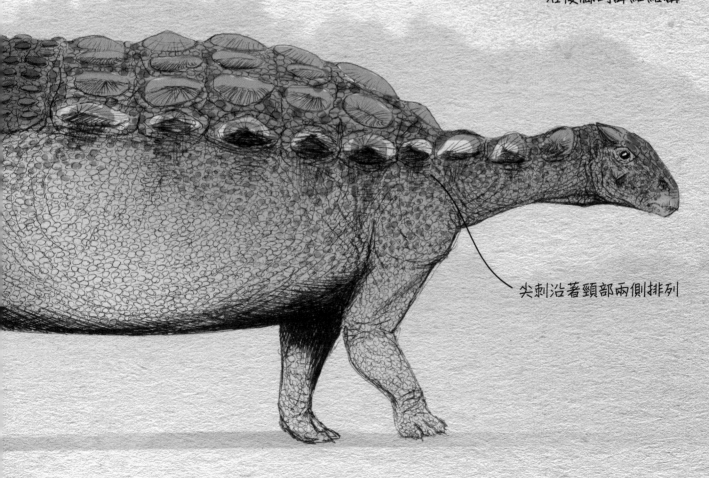

尖刺沿著頸部兩側排列

# 貝尼薩爾禽龍
## Iguanodon Bernissartensis
（發音：Igg-wan-oh-don, bur-nis-sar-ten-sis）

發現地點：美國猶他州

科別：禽龍科（Iguanodontidae）

身長：8 公尺

身高：2.1 公尺

體重：3.2 公噸

性情：生性謹慎，群居性

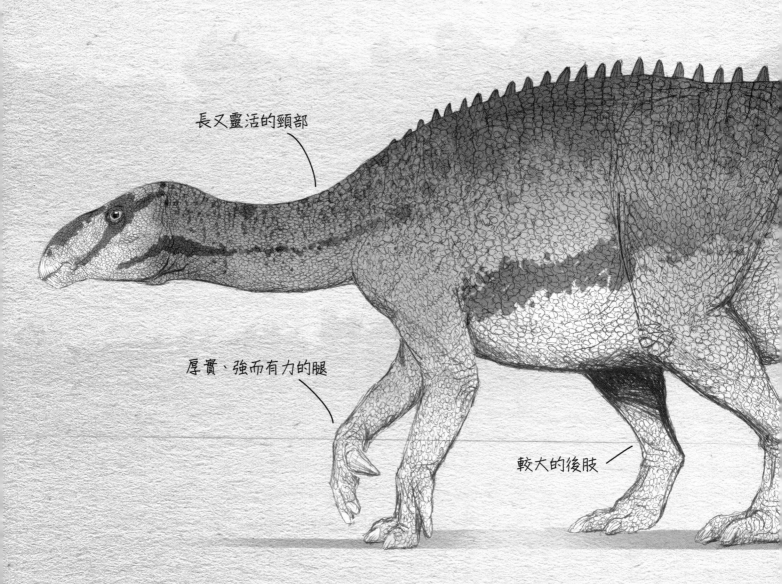

長又靈活的頸部

厚實、強而有力的腿

較大的後肢

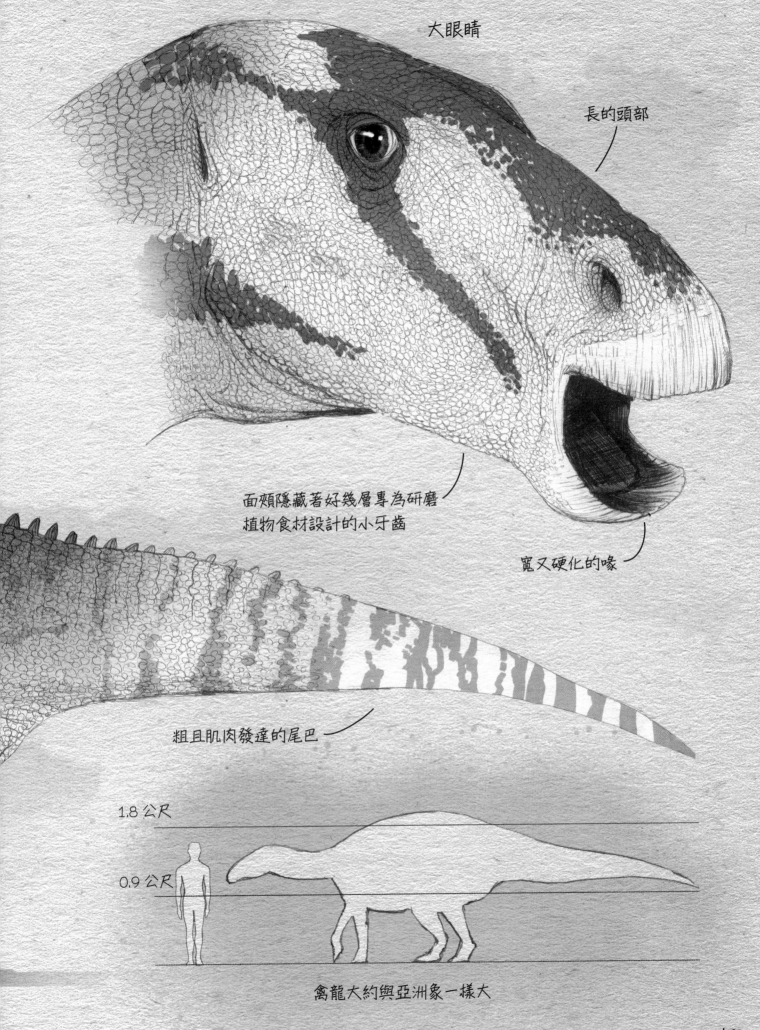

大眼睛

長的頭部

面頰隱藏著好幾層專為研磨
植物食材設計的小牙齒

寬又硬化的喙

粗且肌肉發達的尾巴

1.8 公尺

0.9 公尺

禽龍大約與亞洲象一樣大

主要以四足步行，但也
可以兩足走路與奔跑。

禽龍是一大群家族包含好幾個
世代生活在一起

禽龍大部分以低矮
植物為食

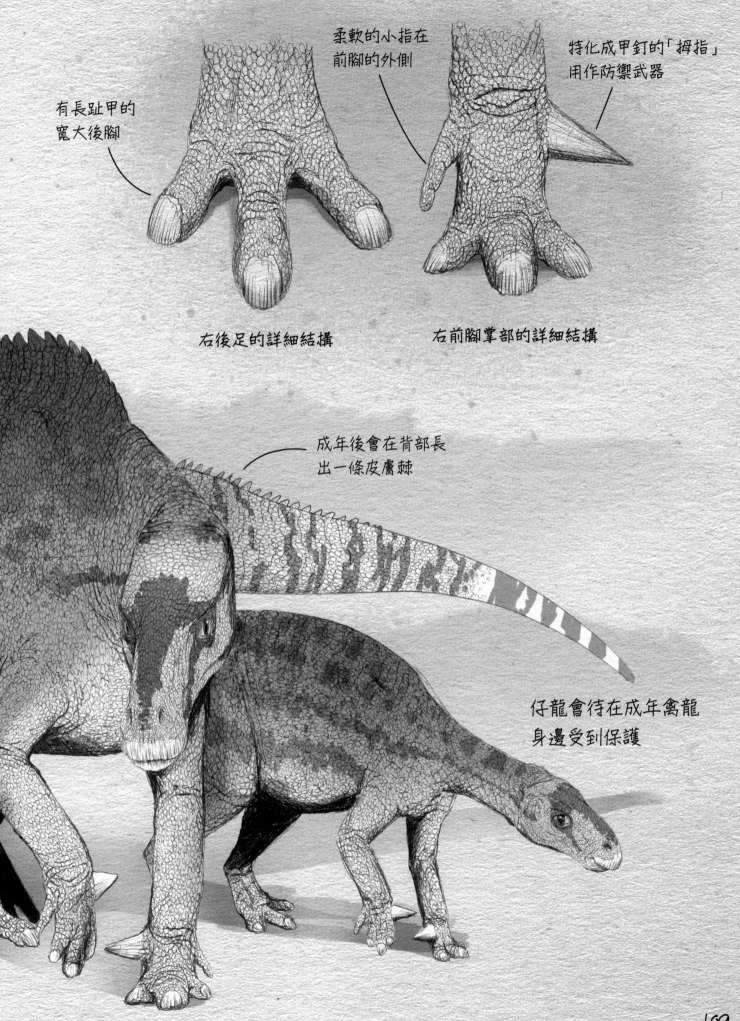

柔軟的小指在
前腳的外側

特化成甲釘的「拇指」
用作防禦武器

有長趾甲的
寬大後腳

右後足的詳細結構

右前腳掌部的詳細結構

成年後會在背部長
出一條皮膚棘

仔龍會待在成年禽龍
身邊受到保護

189

# 尼日豪勇龍
## Ouranosaurus nigeriensis
（發音：Ew-ron-o-sore-us, nie-jeer-ee-en-sis）

發現地點：非洲尼日

科別：禽龍科 *

身長：8.3 公尺

身高：3.2 公尺

體重：2.2 公噸

性情：群居性，生性謹慎

*譯註：最新研究認為豪勇龍是與禽龍科有著共同祖先但在演化上分道揚鑣的一個分支，被歸類在鴨嘴龍超科（Hadrosauroidea）。

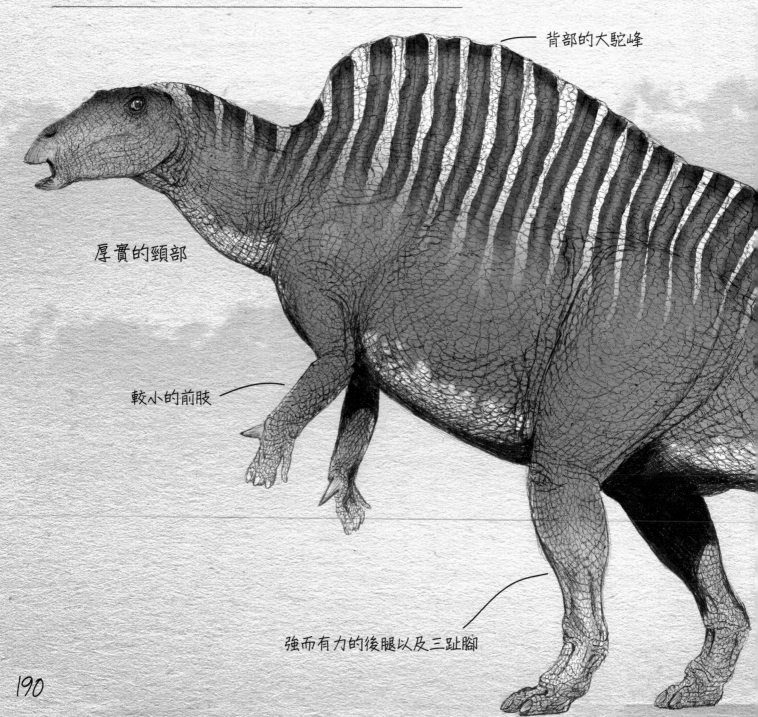

背部的大駝峰

厚實的頸部

較小的前肢

強而有力的後腿以及三趾腳

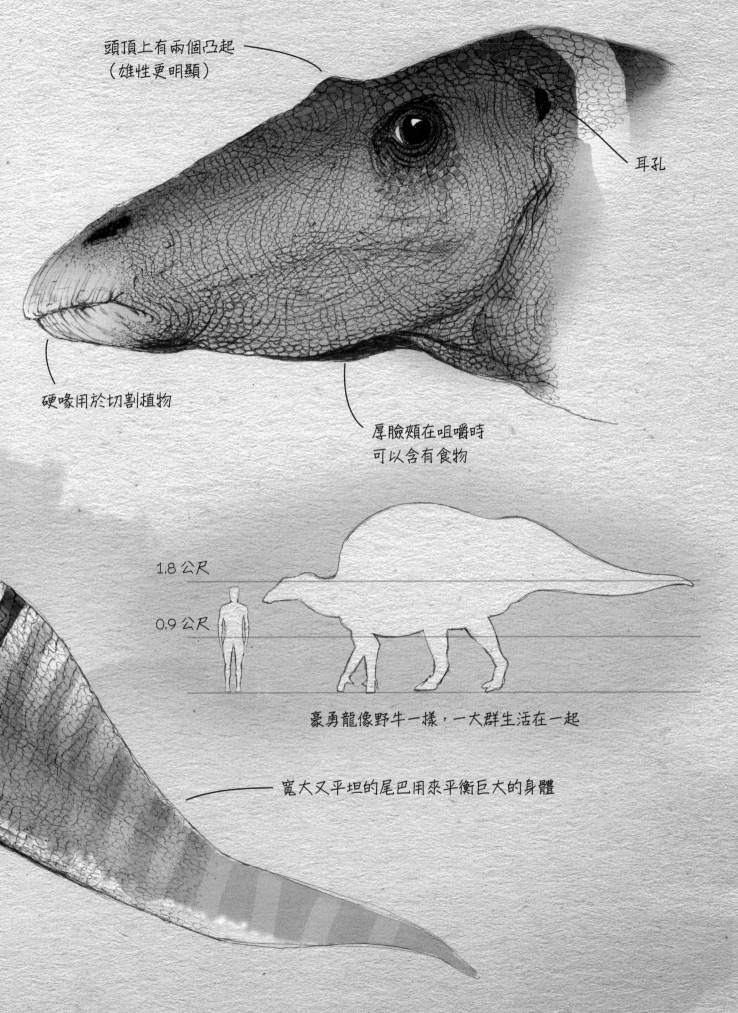

頭頂上有兩個凸起
（雄性更明顯）

耳孔

硬喙用於切割植物

厚臉頰在咀嚼時
可以含有食物

1.8 公尺

0.9 公尺

豪勇龍像野牛一樣，一大群生活在一起

寬大又平坦的尾巴用來平衡巨大的身體

背部有大且扁平的駝峰

駝峰上的斑紋用作吸引
異性的求偶展示

豪勇龍大部分時
候四足行走，但
可以兩條腿奔跑
來逃避危險。

前腳內側的骨釘
用作防禦武器

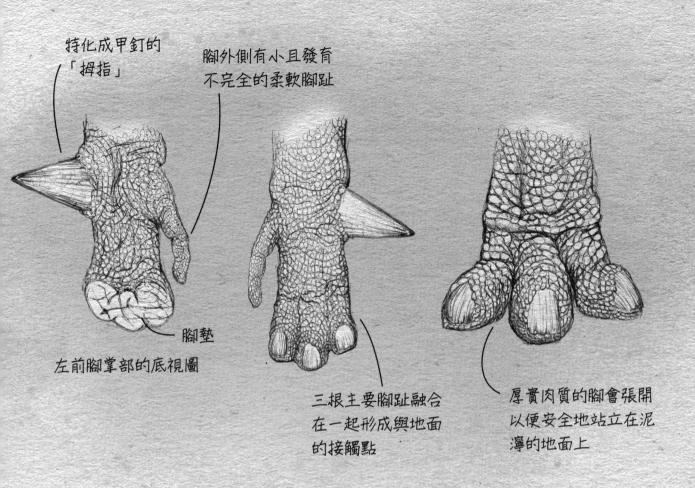

特化成甲釘的「拇指」

腳外側有小且發育不完全的柔軟腳趾

腳墊

左前腳掌部的底視圖

三根主要腳趾融合在一起形成與地面的接觸點

厚實肉質的腳會張開以便安全地站立在泥濘的地面上

左前腳掌部的詳細結構

左後腳掌的詳細結構

牠們一大群生活在一起幼獸永遠不會離開群體

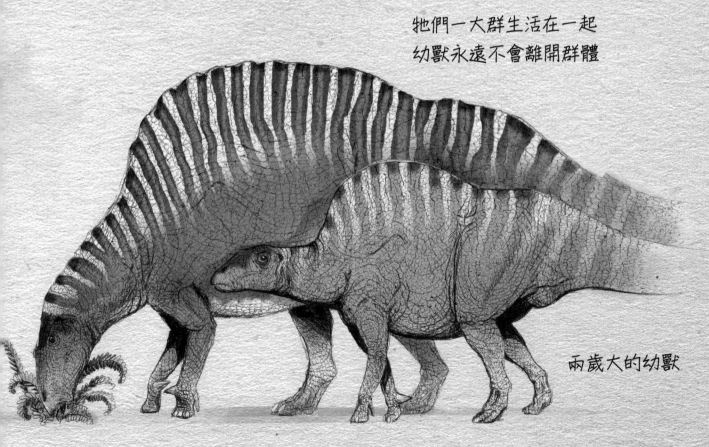

兩歲大的幼獸

以蕨類植物和蘇鐵類植物為主要食物

# 蒙古鸚鵡嘴龍

## Psittacosaurus mongoliensis

（發音：See-taco-sore-us, mon-go-lee-nen-sis）

發現地點：蒙古戈壁沙漠

科別：鸚鵡嘴龍科（Psittacosauridae）

身長：1.5 公尺

身高：0.8 公尺

體重：15 公斤

性情：生性謹慎，非常群居性

沿著背部與尾巴生長
的羽莖用作吸引異性
的求偶展示

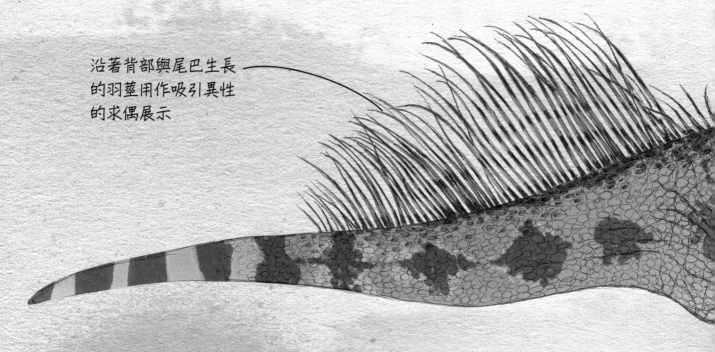

強壯的後肢讓鸚鵡嘴龍能夠
以兩條腿行走和站立

1.8 公尺

0.9 公尺

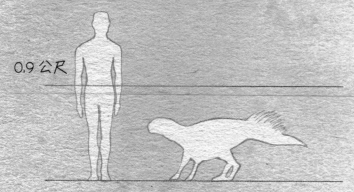

成年鸚鵡嘴龍與一隻狗的大小一樣

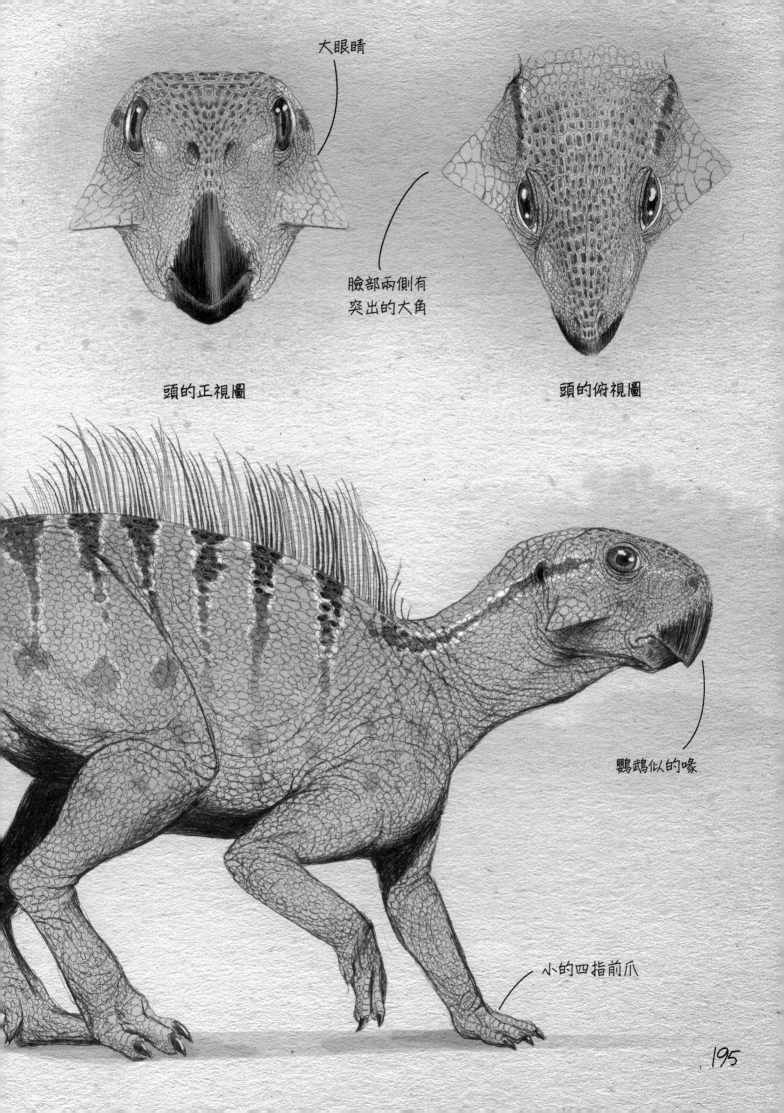

大眼睛

臉部兩側有
突出的大角

頭的正視圖

頭的俯視圖

鸚鵡似的喙

小的四指前爪

195

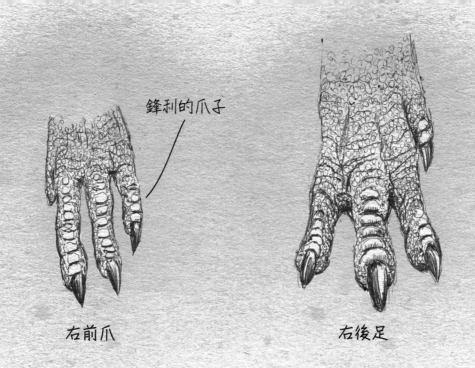

鋒利的爪子

右前爪　　　　　　　　　右後足

鸚鵡嘴龍以小家庭為單位群聚在一起生活，
大部分時間聚在一起覓食。

雌性背部沒有羽莖

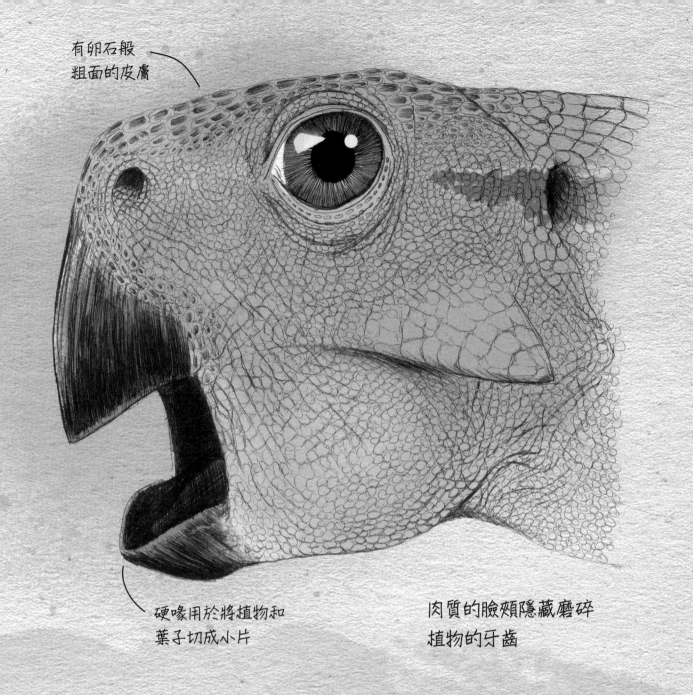

有卵石般
粗面的皮膚

硬喙用於將植物和
葉子切成小片

肉質的臉頰隱藏磨碎
植物的牙齒

在兩個月大時，牠們大概像兔子
這麼大且已經能夠逃避掠食者。

# 翼龍類恐龍
## The Pterosaurs（發音：Ter-uh-sore）

當你走過沙地，接近一個河川流域，你感覺到有一道大陰影將你包圍。你抬頭一看，看到一隻巨大的飛行生物正滑向河岸邊。牠用一股強有力的推力，將翅膀向上拉起，再迫使翅膀向下讓牠可以向上爬升。牠眼睛掃描著下面的水面，鎖定在某些東西上。牠慢慢地收起翅膀，並以驚人的速度由空中朝水面俯衝。在離水面幾十公分的地方，牠攤開自己巨大的翼並且放慢速度。然後，牠用長長的頭打破平靜的水面，掃過一次水面就撈起一條魚。

這種狩獵方式很難不受注意。之後又飛來兩隻與剛剛見到的龐然大物一樣大的動物。牠們引起一陣騷動，嘎嘎叫並拍打翅膀，因為牠們試圖從第一隻的口中奪取剛捕獲的獵物。隨著牠們越飛越高，空

1.8 公尺

0.9 公尺

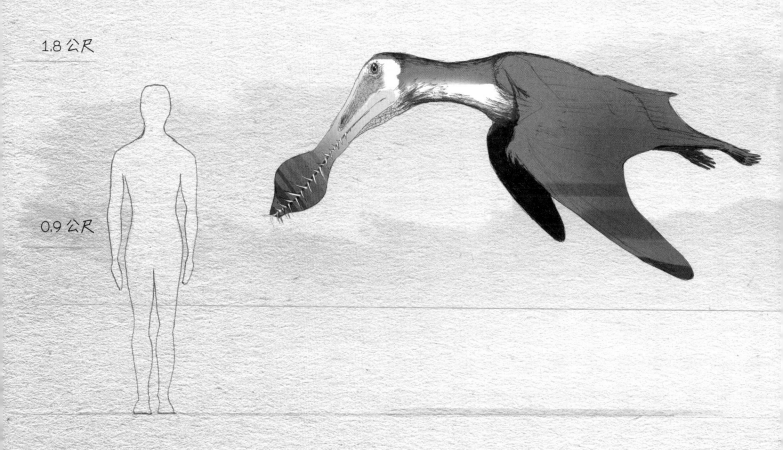

中戰鬥仍繼續著。最後，其中一隻抓住魚頭，並把魚咬成兩半，丟下半隻魚逕自飛離，留下兩隻為爭奪那偷來的半條魚而大打出手的翼龍。你剛剛目睹了白堊紀早期的翼龍——有史以來在空中飛翔的最大動物。

翼龍的古希臘文 pterosaur 字意是「長有翅膀的蜥蜴」，是已知最早演化出可以真正自行飛翔的脊椎動物。雖然很多人認為翼龍是恐龍的一種，不過事實上牠們不是真正的恐龍，而應該是屬於一個非正式分類成「飛行爬蟲」的目。翼龍與現今還活著的任何飛行動物非常不同，翼龍的翅膀由延長的第四根手指與由第四根手指尖連接到後腿腳踝的纖維膜所組成。相較於翅膀，牠們的身體和頭顯得非常小。

所有的翼龍都有一副精巧的骨架，搭配填滿空氣的中空骨骼。牠們的尺寸明顯不同：有些翼展寬只有25公分，然而其他翼龍卻可達9.1公尺——比小型飛機還要寬。

翼龍的生存時期幾乎遍及整個中生代。最早的物種在三疊紀晚期開始演化，最後的物種在白堊紀結束時滅絕。早期翼龍有長尾巴和較小的頭，個頭也比之後的物種小。

翼龍的身體覆蓋著一層精緻外殼，也可以說是一種與毛髮很像、稱為 pycnofibres 的身體覆蓋物。雖然不是全部，但大都是捕魚維生，也就是說牠們抓魚也吃魚。因此，有一些發展出長牙齒來抓住與固定牠們的獵物；其他的則演化出適應沿海岸線生活以小生物為食，或是可在飛行中狩獵。

## 白堊紀早期的翼龍

到了白堊紀早期，很多翼龍物種已經明顯變得比牠們的古早祖先更大。牠們的尾巴已經縮短到只有原本尺寸的一點點，頭也已經變得很巨大。很多種類的頭部比脖子加上身體還大。大的冠也開始演化出來，作用是吸引異性或威嚇對手。在這一時期，翼龍類物種已經散居在世界各地，從非洲到歐洲再到南美洲。

在這本書裡，比氏古魔翼龍與皇帝古神翼龍會被概括地描述；兩者都來自南美洲也都以吃魚為生。一個是有齒翼龍的例子，另一個例子則是無齒翼龍。之後的幾頁，會檢視這兩種主宰白堊紀早期天空的動物。

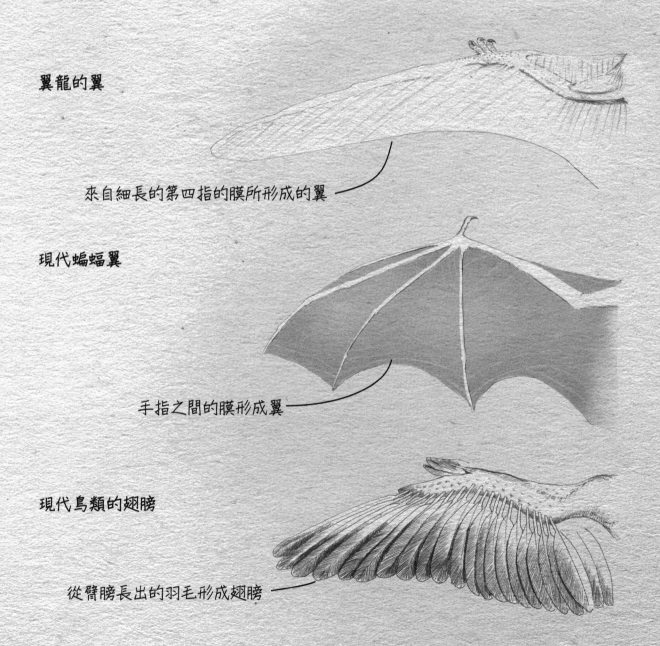

翼龍的翼

來自細長的第四指的膜所形成的翼

現代蝙蝠翼

手指之間的膜形成翼

現代鳥類的翅膀

從臂膀長出的羽毛形成翅膀

# 比氏古魔翼龍
## Anhanguera blittersdorffi
（發音：Ahn-han-gwera, blit-ters-dorf-eye）

發現地點：南美洲巴西

科別：古魔翼龍科（Anhangueridae）

身長：翼展寬 4.5 公尺

身高：身長 1.5 公尺

體重：15 公斤

性情：侵略性

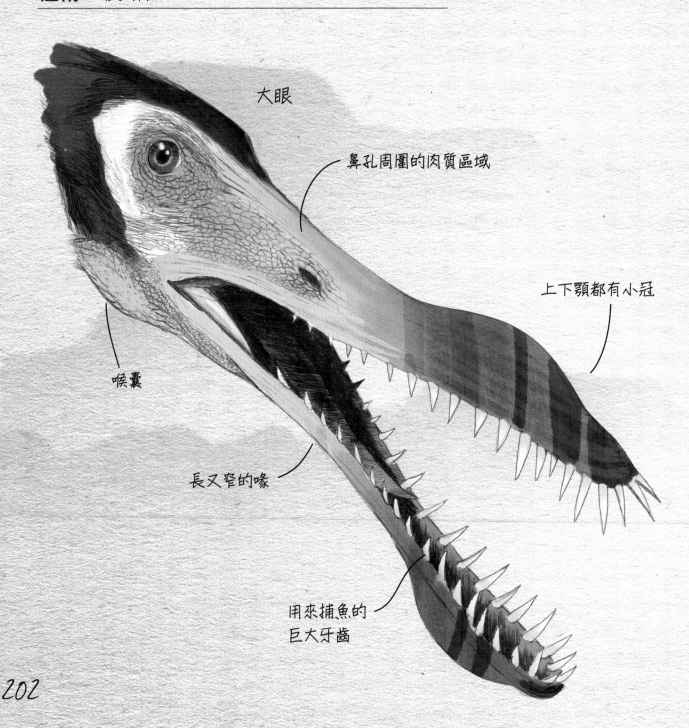

大眼

鼻孔周圍的肉質區域

上下顎都有小冠

喉囊

長又窄的喙

用來捕魚的
巨大牙齒

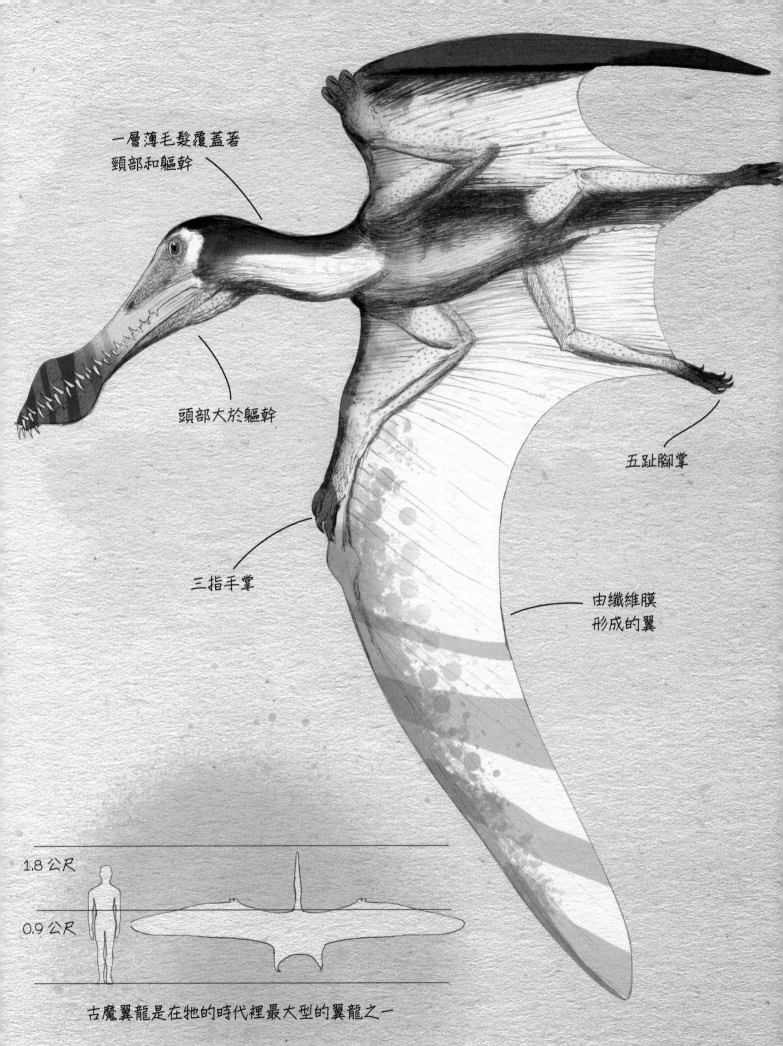

一層薄毛髮覆蓋著
頸部和軀幹

頭部大於軀幹

三指手掌

五趾腳掌

由纖維膜
形成的翼

1.8 公尺

0.9 公尺

古魔翼龍是在牠的時代裡最大型的翼龍之一

每一餐都是挑戰，
古魔翼龍是投機取巧
者，會在半空中搶奪
其他翼龍的獵物。

翼龍捕獵的魚種

劍鼻魚 0.9 公尺長

譯註：劍鼻魚（Vinctifer comptoni）學名的由來與翻譯是根據動植物與
地質學家路易士・阿格西（Louis Agassiz）在 1841 年的描述。

用四足站立在地面上的樣子

鋒利的爪子用於
固定立足處

分支圓鱗魚 0.9 公尺長

譯註：分支圓鱗魚（Cladocyclus gardineri）學名的由來與翻譯是
根據動植物與地質學家路易士・阿格西在 1841 年的描述。

新硬齒魚 0.3 公尺長

譯註：新硬齒魚（Neoproscinetes penalvai）學名的由來與翻譯是
根據施華・山度士（Silva Santos）在 1970 年以及路易士・
阿格西在 1835 年的描述。

塔里斯魚（Tharrhias
araripis）0.4 公尺長

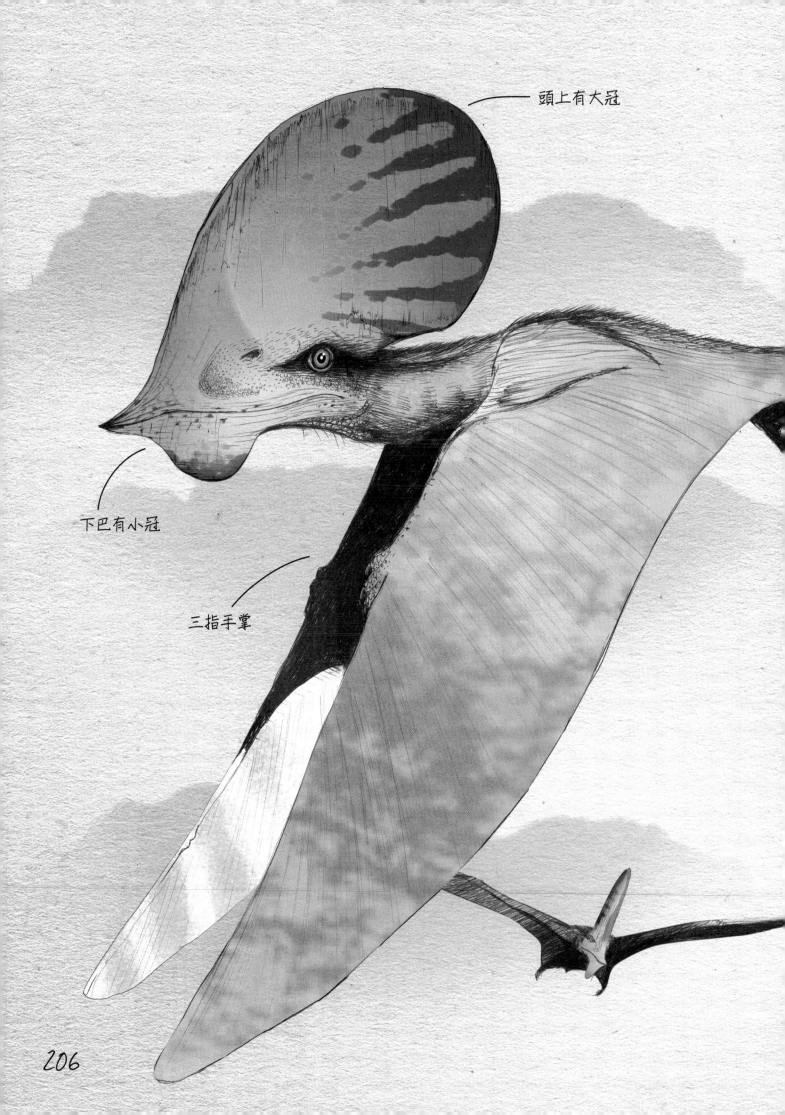

頭上有大冠

下巴有小冠

三指手掌

頭上有大冠

# 皇帝古神翼龍 Tapejara imperator
（發音：Tap-eh-jar-ah, em-par-ah-tor）

發現地點：南美洲巴西

科別：古神翼龍科（Tapejaridae）

身長：翼展寬 3.6 公尺

身高：冠高 0.6 公尺

體重：12 公斤

性情：群居

四趾腳掌

雌性　　　　　　雄性

古神翼龍的冠約有體長的一半

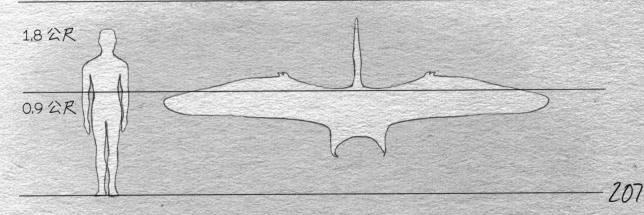

1.8 公尺

0.9 公尺

邊飛邊吃來保護自己的獵物

古神翼龍主要以掠過水面捕魚

第四根手指形成翼

右手掌部的詳細結構

右後腳的詳細結構

—— 翼摺疊向後

古神翼龍在地上行走

# 最初的鳥類
## The First Birds

想像一下自己變成在白堊紀早期的鳥類觀察者。抬頭看，你看到天空中有鳥類群聚。沿著海岸線和水道，你觀察到看起來像不會飛的水鳥浮游在水面上，偶爾會下潛到水中，然後彈出水面，嘴裡叼著魚。

在頭上，與翼龍一起飛行的，是很像現代海鷗或燕鷗的鳥類正在爭奪漁獲。考慮到這個時期的奇怪野生動物，令人驚訝的是，這些鳥類看起來非常類似今天的，許多行為也與現代鳥類很相近：在樹枝間跳躍、鳴叫、吃種子和抓小蟲。

這些是早期的鳥——不是像鳥類的恐龍——有牠們自己獨特的分類別。儘管外觀可能讓你覺得是一隻雀鳥或烏鴉，卻有著重要的區別。大多數這些早期鳥類的翅膀上有爪手，許多喙上還有牙齒，這些都是牠們的祖先獸腳類恐龍遺留的痕跡。

在白堊紀早期，鳥類真正開始在地球上留下牠們的印記。雖然當時的鳥類還很原始，不過鳥類物種迅速演化，並開始將自己與半龍半鳥的家族成員區隔開來。

牠們的尾巴開始消失，翅膀變得更大更完整。鳥類藉由調整形成與身體形狀相符的羽毛來簡化飛行過程與提高飛行效率，這使牠們更符合空氣動力學。牙齒變得更小，有些物種甚至牙齒已經完全消失，為的是有更輕巧的嘴喙。喪失祖先具有的長尾巴讓牠們可以更有效率地飛行以及增加在空中的機動性——這種因適應而出現的改變，在今天的鳥類中仍然清晰可見。

本節討論兩種形成對比的物種：一種是適應飛行在白堊紀早期天空中常見的物種；另一種是有牙齒但不能飛行，已經適應水中狩獵的水鳥。你會立即注意到牠們的相似之處，但仔細觀看，你會發現牠們身上來自恐龍共同祖先所遺留下的線索。

# 聖賢孔子鳥 Confuciusornis sanctus
（發音：Con-few-shus-or-nis, sank-tus）

發現地點：中國遼寧

科別：孔子鳥科（Confuciusornithidae）

身長：翼展寬 70 公分

身高：身長 22 公分

體重：180 公克

性情：高度群居性

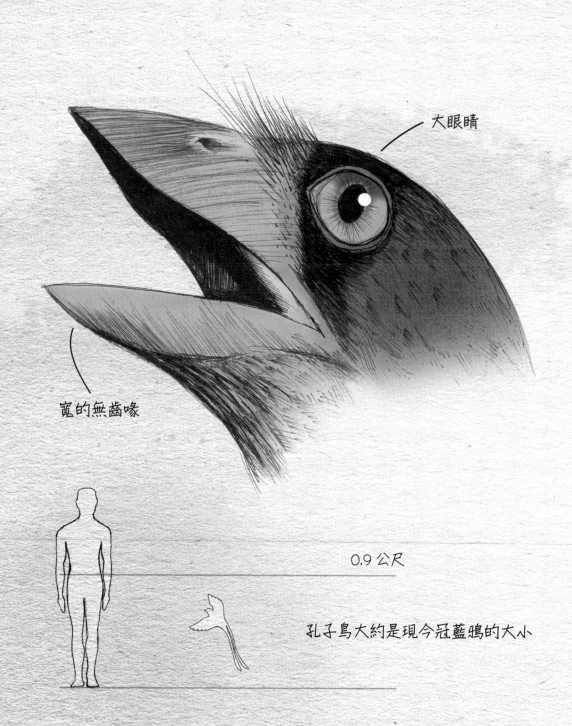

大眼睛

寬的無齒喙

0.9 公尺

孔子鳥大約是現今冠藍鴉的大小

兩根長羽毛用來
吸引異性

雄孔子鳥

雌孔子鳥

翅膀有三根爪子

相較於現今的鳥類，
初級飛羽顯得特別長

翅膀的詳細結構（下側）

# 巴氏大洋鳥 Enaliornis barretti
(發音：En-al-lee-or-nis, bar-rett-tee)

**發現地點**：英國倫敦

**科別**：滄鳥科（Enaliornithidae）

**身長**：體長 30 公分

**身高**：體寬 12.7 公分

**體重**：0.45 公斤

**性情**：獨來獨往，難以捉摸

長喙襯有用於抓魚的小牙齒

小喉囊

0.9 公尺

大洋鳥約與大企鵝一樣大

短的尾巴

小且萎縮的翅膀

當大洋鳥潛水抓魚時，
腿和腳會張得很開。

左腳趾的詳細結構

葉片狀腳趾
可用於在水中
產生推進力

| 作者 |

胡安・卡洛斯・阿隆索（Juan Carlos Alonso），古巴裔美國人，平面設計師，創意總監和插畫家。他在平面設計／插圖工作超過30年。1992年成立專門從事品牌、設計和廣告的阿隆索公司。對自然的熱愛驅使他從澳洲到加拉巴哥群島研究動物。除了平面藝術，他也是野生動物雕塑家，作品主要為史前動物。

葛瑞格力・保羅（Gregory S. Paul），美國人，古生物學自由研究員、作家和插畫家。最著名的工作是對獸腳類恐龍的研究以及對恐龍詳細的擬真繪圖與骨骼繪圖。保羅從事專業調查和以藝術重現恐龍英姿有30年，同時是電影《侏儸紀公園》、Discovery探索頻道紀錄片《恐龍紀元》、《恐龍星球》的顧問。保羅已命名超過十二種史前動物物種，並有兩種恐龍物種是根據他的創新理論、以他的名字命名（保羅氏羽龍〔Cryptovolans pauli〕和保羅氏鞍臀龍〔Sellacoxa pauli〕）。

| 譯者 |

顧曉哲，英國愛丁堡大學細胞生物學博士，大學時主修動物科學。曾追尋與目睹五次自然最美景色——北極光，旅居英國與芬蘭有十載，遊歷過二十幾個國家。本業為學術研究工作，業餘從事科普寫作、演講與翻譯。

VX0051C

**恐龍時代：侏羅紀晚期到白堊紀早期的古地球生物繪圖觀察筆記**

原文書名　ANCIENT EARTH JOURNAL : THE LATE JURASSIC & THE EARLY CRETACEOUS
作　　者　胡安・卡洛斯・阿隆索（Juan Carlos Alonso）& 葛瑞格力・保羅（Gregory S. Pual）
譯　　者　顧曉哲
特約編輯　陳錦輝

總 編 輯　王秀婷
主　　編　廖怡茜
版　　權　向艷宇
行銷業務　黃明雪、陳彥儒

發 行 人　涂玉雲
出　　版　積木文化
　　　　　104 台北市民生東路二段 141 號 5 樓
　　　　　電話：(02) 2500-7696 ｜ 傳真：(02) 2500-1953
　　　　　官方部落格：www.cubepress.com.tw
　　　　　讀者服務信箱：service_cube@hmg.com.tw
發　　行　英屬蓋曼群島商家庭傳媒股份有限公司城邦分公司
　　　　　台北市民生東路二段 141 號 11 樓
　　　　　讀者服務專線：(02)25007718-9 ｜ 24 小時傳真專線：(02)25001990-1
　　　　　服務時間：週一至週五 09:30-12:00、13:30-17:00
　　　　　郵撥：19863813 ｜ 戶名：書虫股份有限公司
　　　　　網站：城邦讀書花園｜網址：www.cite.com.tw
香港發行所　城邦（香港）出版集團有限公司
　　　　　香港灣仔駱克道 193 號東超商業中心 1 樓
　　　　　電話：+852-25086231 ｜ 傳真：+852-25789337
　　　　　電子信箱：hkcite@biznetvigator.com
馬新發行所　城邦（馬新）出版集團 Cite（M）Sdn.Bhd
　　　　　41, Jalan Radin Anum, Bandar Baru Sri Petaling, 57000 Kuala Lumpur, Malaysia.
　　　　　電話：(603) 90578822 ｜ 傳真：(603) 90576622
　　　　　電子信箱：cite@cite.com.my

內頁排版　劉靜薏
封面設計　葉若蒂

2017 年 8 月 8 日　初版一刷
售　價／NT$650
ISBN 978-986-459-096-4
有著作權・侵害必究

國家圖書館出版品預行編目（CIP）資料

恐龍時代：侏羅紀晚期到白堊紀早期的古地球生
物繪圖觀察筆記／胡安・卡洛斯・阿隆索（Juan
Carlos Alonso）、葛瑞格力・保羅（Gregory S.
Pual）著；顧曉哲譯. - 初版. - 臺北市：積木文化
出版：家庭傳媒城邦分公司發行，2017.08
　面；　公分
譯自：Ancient earth journal: the late jurassic & the
early cretaceous
ISBN 978-986-459-096-4（精裝）

1. 爬蟲類化石　2. 通俗作品

359.574　　　　　　　　　　　　　106007933